잔병에 강한 아이

잔병 없는
아이로 키우는
13가지 방법

잔병에 강한아이

정규만 지음

21세기북스

• 차례 •

1부. 우리 아이 괴롭히는 잔병 탈출 프로젝트

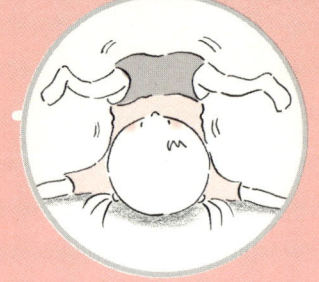

2부. 잔병 극복을 도와주는 마음, 환경, 음식

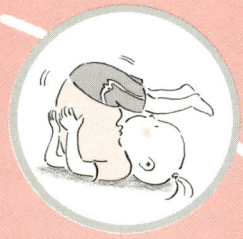

잔병을 잡아야
아이의 미래가 잡힌다

부모의 건강한 자녀 양육에 있어서 항상 걸림돌이 되는 것은 잔병입니다. 잔병은 아이들이 쉽게, 자주, 걸리는 질병인데다가 병증도 다양해 부모의 속을 여간 태우는 게 아닙니다. 더욱이 잔병의 대부분이 감염성 또는 염증성인데다 재발도 잦기 때문에 잔병치레를 겪는 아이들은 수시로 질병과 싸워야 하며 그만큼 체력 손실도 커질 수밖에 없습니다. 작은 몸으로 잔병을 이기기 위해 끙끙 앓는 아이를 보면 대신 아파 주고 싶은 것이 부모의 마음일 것입니다.

정작 아픈 아이들은 이런 부모 마음도 모른 채 잔병 때문에 온갖 심술과 투정을 부리기도 하지요. 부모는 아이의 짜증까지 받아내다 보면 금세 지치기 마련이고 여기에 부모의 양육법이 잘못돼 아이의 병을 키운 건 아닌지 죄책감과 미안함까지 겹쳐 부모의 스트레스 또한 높아지게 됩니다.

상황이 이렇다보니 자칫 감정 조절에 실패한 부모는 마음과 달리 아픈 아이에게 화를 내는 경우도 생기게 됩니다. 이럴 경우 질병으로 고생하는 아이의 마음에 새로운 상처를 만들기도 합니다. 그러나 아이보다 더 큰 상처를 받는 쪽은 부모입니다. 자식이 아프면 두 배로 앓는 것이 부모 마음일 테니까요. 그래서 부모와 아이 모두 골칫덩어리 잔병에서 하루 빨리 벗어나고자 하는 마음이 간절할 것입니다.

사실 아이들의 병은 증세기 미미히더라도 치료가 상당히 까다롭습니다. 일찍이 한방 고전 임상서인 『의학입문』에서는 "남자 열 사람의 병을 치료하기보다 부인 한 사람의 병을 치료하기가 어렵고, 부인 열 사람의 병을 치료하기보다 아이 한 사람의 병을 치료하기가 어렵다."고 쓰여 있습니다.

아이들은 표현력이 발달하지 않아 아픈 부위를 정확하게 설명하지 못하고, 어른보다 맥도 빨라서 진찰하기 어려울 뿐 아니라 치료가 까다롭기 때문입니다. 그래서 흔하고 급박한 병증이 아니더라도 아이의 잔병을 치료할 때는 꾸준한 치료 시간, 세심한 관찰, 주의가 필요합니다.

잔병은 흔히 앓는 병으로써 감기나 알레르기 질환, 소화기 장애 등과 같이 아이들이 자주 걸리는 자질구레한 질환들을 말합니다. 잔병치레가 잦은 아이들은 식생활이 간소화되고 생활이 편리해질수록 점점 늘어나고 있는 추세이며, 환절기나 특정 유행성 질환이 도는 시기가 아님에도 불구하고 자주 잔병이 발병해 쉴 새 없이 병원 신세를 질 때도 많습니다.

최근 아이와 함께 한의원을 찾는 대부분의 부모들은 아이의 잔병과 허약 체질 때문에 한약을 짓는 경우가 급격히 늘어나고 있습니다. 잔병과 허약 체질의 관계는 서로 비례합니다. 허약 체질인 아이일수록 잔병 발병률이 높고, 잔병이 잦은 아이가 허약 체질인 경우가 대부분입니다. 그러므로 한의원을 찾는 부모는 아이의 잔병에 대한 걱정과 관심이 절대적으로 높다는 것을 의미하기도 합니다.

이렇게 부모가 아이의 잔병에 크게 신경 쓰는 이유는 잔병이 아이의 성장 발육에 커다란 영향을 주고 있기 때문입니다. 기본적으로 아이들의 성장은 '건강할수록 잘 자란다.'는 전제가 깔려 있습니다.

한의학에서도 '심신의 조화를 이뤄 균형적인 발달을 이루는 것'이 아이들의 정상적인 성장으로 보고 있습니다. '건강한 몸 상태가 이상적인 성장을 한다.'는 의미로 '건강할수록 잘 자란다.'는 문맥과 일맥상통한다고 할 수 있습니다. 성장기 아이들에게 있어서 '건강'은 가장 기본적인 성장 조건인 동시에 가장 중요시돼야 할 필수조건이 되는 것입니다. 그러나 잔병으로 아이의 몸이 극도로 허약해진 상태라면 성장에 장애를 받는 것은 지극히 당연한 일입니다.

원래 사람의 몸은 한의학에서 '음양오행설'을 기본원리로 자연과 순환하며 자라고 활동할 수 있는 기(氣)를 만들게 되는데, 이러한 기가 모여 진액(津液)을 만들게 됩니다. 진액은 또다시 기를 생기게도 하며 상호작용으로 우리 인체를 활동하게 만들고 형체를 갖추게 하는 것입니다.

하지만 아이가 잔병치레를 하게 되면 진액 소모가 커지게 되고 기의 손실도 커지게 되므로 자연히 체력이 떨어지며 성장에 쓰여야 할 에너지도 부족해지게 됩니다. 때문에 잔병치레가 잦은 아이들은 또래에 비해 발육이 정상적으로 이뤄지지 않는 경우가 많습니다.

가령, 나무는 봄에 생장하기 위해 가을부터 기운을 거두고 겨우내 기운을 저장합니다. 이렇게 모아둔 기운을 바탕으로 나무는 봄에 새 잎을 틔우고 꽃을 피울 수 있는 것입니다. 마찬가지로 아이들도 성장하려면 저장해둔 기운이 반드시 필요합니다. 하지만 잔병이 모아둔 기운을 모두 써버린다면 어떻게 될까요? 당연히 바닥난 에너지가 성장을 도울 수 없게 될 것입니다.

게다가 성장기에 건강 상태가 좋지 않으면 키가 잘 자라지도 않고, 키가 자라더라도 뼈와 관절이 매우 약해집니다. 이는 나무가 물을 흡수하는 기운이 약해서 나뭇가지에 골고루 수분을 전달하지 못하는 것과 같은 이치입니다. 물을 공급받지 못한 나뭇가지는 분명히 앙상하게 마르고 나뭇잎에 수분을 전달하는 역할을 하지 못해서 결국 꽃과 열매를 제대로 맺지 못하게 됩니다.

마찬가지로 아이들 역시 골격이 단단하고 튼튼하지 못하면 겨우 형태만 유지할 뿐 몸을 지탱하고 활발히 활동하는 역할을 해낼 수 없습니다. 따라서 또래 아이들에 비해 신체적으로 왜소하고 활동적이지 못한 아이들은 자연히 주눅이 들기 쉽고 행동도 의기소침해질 수밖에 없습니다.

그래서 아이는 점차 무기력해지고 소극적인 태도를 가지게 되는 경우가 많습니다.

이렇듯 잔병은 아이들의 신체적 기운을 약화시킬 뿐 아니라 정서적인 성장에도 악영향을 미치게 됩니다. 잔병으로 고생하는 아이들은 심한 정신적인 스트레스를 보이며 집중력 결여와 정서적으로 과민한 상태에 이르기도 합니다. 한창 학습할 나이에 본인이 의도하지 않아도 학습 능력이 떨어지고, 불안과 초조로 인해 힘든 나날을 보내게 됩니다.

흔히 '몸이 불편하면 마음도 불편하다.'고 합니다. 잔병으로 몸이 불편하면 아이의 신경도 불편한 몸에 관심을 두기 때문에 자연히 산만해지고 정서적으로 불안한 심리를 보이는 것이 당연합니다. 따라서 아이의 잔병을 오래 방치하고 근본적인 치료와 예방을 하지 않으면 육체적·정신적 성장발달에 절대적인 영향을 미친다고 할 수 있습니다. 게다가 잔병은 어릴 적 한 번 앓고 지나가는 병이 아니라 성인이 되어도 고생한다는 점에서 아이의 미래 건강에도 큰 영향력을 끼칩니다. "어린이는 작은 어른이 아니다(Children are not small adults)."라는 말처럼 어린이는 그들만의 특별한 요구를 가진 독특한 개인이며 지속적으로 성장하기 때문입니다.

성장은 외적인 성장뿐 아니라 내적인 성장도 함께 조화를 이루며 건강해지는 법인데, 중요한 성장 시기에 오장육부의 발육이 제대로 이뤄지지 않고, 건강관리도 되지 않아 심신의 조화가 깨지면 질병이 발생하게 됩니다. 따라서 아이의 건강은 모래성처럼 어른이 된 후에도 아슬아슬한 외줄

타기를 하고 있는 셈입니다.

'세 살 버릇 여든까지 간다.'는 속담이 있듯이 어릴 적 잔병 역시 아이의 평생 건강을 좌우하게 됩니다. 건강이 신체적인 것뿐 아니라 정신적인 성장의 의미도 포함하고 있는 만큼 어릴 때부터 아이의 건강을 지켜주는 것은 그 아이의 미래를 밝고 건강하게 지켜주는 것과 같은 것입니다.

따라서 부모는 그냥 쉽게 지나가는 자질구레한 질병이라고 해서 임시방편으로 증상만을 개선하는 일시적인 처방으로 순간적인 상황만 모면하려 하지 말고, 근본적인 원인을 반드시 치료하여 건강한 아이로 성장해 훌륭한 성인이 될 수 있도록 도와주어야 합니다. 그러기 위해서는 무엇보다 부모가 잔병에 대해 제대로 알고 정확한 치료와 예방법도 잘 알아둘 필요가 있는 것입니다.

즉, 현재 잔병으로 고생하는 자녀의 부모나 잔병을 걱정하는 부모들이라면 이 책을 통해 평소 답답하고 궁금한 점을 해결하고, 아이의 건강을 지키기 위한 부모의 생활수칙을 실천해 가는 것이 중요합니다.

이 책은 집에서 쉽게 실행할 수 있는 예방법이나 치료법, 선현들의 지혜를 통한 올바른 섭생 방법들을 설명함으로써 근본적으로 아이의 잔병을 예방하여 건강을 지키는 데 목적이 있습니다. 그러므로 이 책을 바탕으로 부모들이 잔병에 대해 면면(綿綿)한 노력을 기울인다면 그 어떤 잔병이라도 걱정 없이 내 아이의 건강을 지키고, 밝은 미래를 키워갈 수 있을 것입니다.

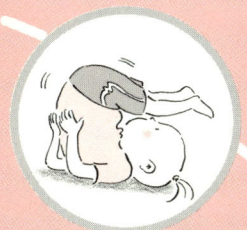

프롤로그

잔병이 내 아이를 망친다

1.
큰 병보다 무서운
우리 아이 잔병

잔병이란 좁은 의미로는 감기처럼 흔히 앓는 자질구레한 병이지만 넓은 의미로 생명에 중대한 영향을 미치지 않으며, 흔하게 볼 수 있는 질환이나 증상을 통틀어 말합니다. 최근 잔병이 아이들의 건강을 위협하고 있습니다. 점점 나빠지는 환경과 편리해서 오히려 독이 되는 생활, 그리고 부모의 잘못된 건강 상식 등 여러 가지 요인들로 인해 아이들은 체질적으로 약한 '약골 어린이'로 바뀌어 가고 있습니다.

실제로 2007년 서울시교육청에서 실시한 초등학생 어린이 체력 측정 결과, 기준 체력에 훨씬 밑도는 수준을 보였다는 발표가 있었습니다. 따라서 기준 체력을 대폭 낮추기로 했으며 육상대회를 의무적으로 개최해 아이들의 체력 증진에 힘쓸 것을 당부하기도 했습니다.

이런 교육청의 보고를 통해 요즘 아이들의 체력 저하 문제가 상당히 심각한 수준이며, 소아 건강 문제에도 빨간 불이 커졌음을 분명히 알 수 있습니다. 기사에 따르면 '우리나라 소아의 비만율은 1970년대 후반에는 4% 수준이었지만 2005년 10.2%로 늘었고, 초등학생의 비만율만 해도 2005년에는 18.3%에 이른다(2005년 통계 자료가 최종이며 5년마다 발표된다).' 고 합니다. 또 자질구레한 질환도 꾸준히 증가하고 있는 추세라고 덧붙이고 있습니다.

즉, 아이들의 체력이 떨어지면서 이에 반비례하여 잔병 발병률이 늘고 있다는 것을 여실히 보여주는 예라고 할 수 있습니다. 그도 그럴 것이 아이들의 체력 저하는 면역력의 저하로 이어지며, 면역력이 낮은 아이들은 그만큼 질병 위험도가 매우 높은 것이 당연한 일입니다. 그렇기 때문에 흔히 '현대병'이라 일컬어지는 알레르기 질환이나 피부염, 비만, 소화기·호흡기 계통의 질환으로 치료받는 아이들이 많아졌고, 그에 따라 잔병에 대한 부모들의 관심도 상대적으로 높아졌습니다.

잔병에 대한 부모들의 지극한 관심은 잔병이 쉽게 찾아오는 질병인데다가 아이의 건강에 지속적으로 영향을 끼치고 있기 때문에 걱정이 많을 수밖에 없습니다. 사실 성장기 아이들 중에는 잔병치레 한 번 하지 않고 자라나는 경우는 거의 없습니다. 태어나서 감기나 기관지염, 복통,

설사 등 의례 걸쳐가는 자질구레한 질병들은 오히려 아이에게 저항력을 만들어 건강하게 만들기도 합니다. 그러므로 잔병 자체만으로는 크게 문제될 것은 없습니다.

하지만 아이들의 체질이 모두 다르다는 것과 그에 따른 잔병의 개인차 때문에 문제가 야기됩니다. 다시 말해, 개인의 체질에 따른 잔병의 저항력이나 잔병치레 횟수가 아이의 건강을 해치게 된다는 의미입니다.

가령 이웃집 누구는 감기 한 번 앓지 않고 잘 크는데 우리 아이는 매번 감기를 달고 살며 비염이나 설사 등으로 수시로 고생한다면 부모로서 여간 속상한 일이 아닙니다. 더욱이 다양한 잔병들과 씨름해야 하는 아이 입장에서는 신체적·정신적 부담감이 매우 클 수밖에 없습니다.

아직 오장육부의 기능과 정서 발달이 미성숙한 아이들은 어른보다 질병에 대처하는 능력이 떨어져 자주 앓기도 하지만 치유가 잘 되기도 합니다. 따라서 아이가 잔병에서 고생할 때 부모가 제대로 관리해주지 못하면 아이의 건강은 더욱 나빠져 위험해지기도 합니다. 잔병을 극복하지 못하고 기력 소실만 더해져 커다란 후유증을 겪게 되는 것이지요.

잔병으로 고생하는 아이의 체력을 마라톤과 비유할 수 있습니다. 마라톤을 할 때 처음 달리기를 시작한 순간과 도착점에 다다랐을 때의 체력적 소모는 얼마나 차이가 있을까요? 아마 달리기 초반에는 에너지가 넘쳐서 몸도 가볍고 의욕도 높았겠지만 도착점에 다다를수록 에너지는 점점 바닥이 나고 더 이상 일어설 기운도 남아 있지 않을 것입니다. 바로 이런 체력 고갈이 잔병으로 고생하는 아이의 모습이기도 합니다.

아이의 몸이 거듭되는 릴레이 식 잔병들과 싸우다보면 신체 기능은 제 역할을 하지 못하게 됩니다. 우리 몸의 장기는 생활을 영위할 수 있는 힘인 '정기'와 질병에 대항하는 힘인 '면역'을 만들어주는데, 오장육부가 질병과의 싸움으로 에너지를 만들어낼 시간이 없다면 기력은 더 이상 남아 있지 않고 바닥나게 됩니다. 그만큼 면역력도 떨어지게 마련이지요. 때문에 잔병은 더욱 큰 병으로 발전할 수밖에 없는 것입니다.

그리고 잔병은 큰 병처럼 뚜렷하게 병증이 나타나는 것이 아니라 슬그머니 나타나 자근자근 아이의 몸을 파고듭니다. 때문에 모르고 넘어가거나 대수롭지 않게 여기다가 갑자기 복합적인 큰 병으로 치료에 애를 먹을 수도 있습니다. 따라서 잔병에 대한 경계는 큰 병 못지않게 매우 중요합니다.

잔병은 아이의 체력적인 소모를 꾸준히 요구하고 있기 때문에 부모가 아이의 잔병에 대해 각별한 주의와 세심한 보살핌이 있어야 합니다. 따라서 부모는 평소 아이의 체질을 잘 파악하고 질병 관리에 관심을 두어 아이 건강과 잔병에 대한 대책 마련이 필요합니다.

쉽게 근절되지 않는 잔병의 특성

아이들이 걸리기 쉬운 잔병의 종류는 상당히 많습니다. 감기, 천식, 편

도선염 등의 기관지 질환이나 호흡기 질환은 물론 알레르기 질환, 비만과 정서 장애 등의 질환도 아이들에게 주로 발생하는 잔병입니다. 이렇게 잔병의 종류가 많다는 것은 그만큼 부모가 아이의 건강에 신경 써야 할 부분이 많다는 것을 의미하기도 합니다.

사실 잔병은 부모의 무지와 무관심으로 발병 사실을 늦게 알거나 대수롭지 않게 여겨 치료 시기를 지나친다면 아이들의 건강에 큰 영향을 미치게 됩니다. 잔병들은 중병처럼 생명에 직접적으로 위협을 주는 것은 아니지만 끈질기게 아이를 괴롭히고 완치도 쉽지 않습니다. 때문에 잔병은 아이를 허약하고 무기력하게 만들어 정상적인 성장 발육은 물론 정서 발달에 매우 부정적인 영향을 끼칩니다. 또한 잔병이 지속되다 보면 중병으로 바뀌어 곤란을 겪는 일도 있습니다.

이렇게 잔병을 근절하기가 어려운 이유는 질병을 일으키는 보다 근본적인 원인이 뚜렷하게 밝혀지지 않은 경우가 많거나 면역력의 저하 때문입니다. 물론 바이러스나 세균, 사기(邪氣)[1]가 침범하여 감염되는 질환이 많기는 하지만 대부분의 잔병들이 반복적으로 발병하므로 근본 원인을 명확히 파악할 수 없는 경우도 있어 질병의 근본 원인을 치유하기보다는 표면적인 증상 개선으로 치료를 대신할 수 있습니다.

그래서 잔병들이 치료됐다고 하더라도 또다시 발생하는 경우가 많습니다. "감기에 자주 걸린다." "목이 자주 붓는다." "잘 체한다." 등등의 증상이 자주 발생하는 원인을 근본적으로 치료하는 것은 여간 까다롭고

[1] 사기는 일체의 질병을 일으키는 원인 요소를 총칭하고 외계의 육음의 사를 지칭하며 또 신체 내의 음양 (장부 경락 영위기혈을 포함)의 실조에서 발생된 병리 변화 (허증)와 병리적 산물 (어혈, 담음) 등의 병사를 말한다.

어려운 일이 아닐 수 없습니다. 다만 잔병을 치료하고 더 근본적인 치료를 함으로써 증세 악화를 막고, 철저한 예방과 관리만이 재발에서 벗어날 수 있는 길입니다.

요컨대 잔병은 어릴 때 관리해주지 않으면 끝까지 쫓아다니는 지독히 나쁜 친구입니다. 게다가 잔병이란 질환들은 그저 앓고 마는 게 아니라 면역력이나 오장육부를 약화시켜 큰 병이 자랄 수 있는 환경을 만들어 놓습니다. 따라서 잔병은 결국 언제 터질지 모르는 시한폭탄과 같다고 할 수 있습니다.

아이의 건강과 성장을 방해하고 보다 근본적인 치료가 녹녹치 않고 다른 큰 병으로 발전하여 고생시킬 수도 있는 잔병은 오히려 큰 병 못지않게 신경 써야 합니다. 가랑비에 속옷 젖듯 서서히 아이의 건강을 좀먹는 잔병을 우습게 보면 결국 또 다른 질병을 키우는 결과가 될 수도 있으므로 잔병치레의 악순환의 고리를 끊어야 합니다.

한의학 속 잔병 이야기

예부터 미감소체(微感小滯)를 잘 다스리는 의원이 명의라 했습니다. 미감소체란 사소한 감기 기운과 같은 호흡기 증상과 소화불량 등 시시한 소화기 증상을 잘 다스리면 큰 병으로의 진전을 예방할 수 있다고 보는 것입니다. 이는 잔병이 처음부터 큰 병으로 나타나는 수가 매우 적다는

것이지요. 큰 병도 처음에는 감기처럼 또는 체한 것처럼 오는 경우가 많기 때문입니다.

가장 오래된 한의학 경전 『황제내경』에서는 '병들기 전에 치료한다(未病而治).' 하여 '이미 병든 후에 치료하려는 것은 전쟁이 터졌을 때 무기를 만드는 것과 같고, 목이 마를 때 우물을 파는 것과 같다.'고 설명하고 있습니다. 이는 우리 몸에 잔병이 살아갈 수 있는 환경을 만들지 않도록 미리 보호해야 하며, 동시에 큰 병이 나기 전에 근본을 바로 잡아주는 것이 중요하다는 것을 일깨워주는 구절입니다.

한의학에서는 잔병 치료를 큰 병보다 더욱 정성을 들이고 미리 예방하는 대안을 알려줘 병의 접근을 막는 것이 최고의 의사라고 생각했습니다. 이렇게 한의학의 깊은 뜻은 중국의 명의 '편작'의 일화를 통해서도 엿볼 수 있습니다.

중국의 명의 편작을 포함한 삼형제는 명의로 소문이 자자했습니다. 그 중 막내였던 편작은 죽은 사람도 살려낼 정도로 난치병을 잘 고치기로 유명했고, 둘째 형은 작은 병이 큰 병이 되기 전에 고쳐서 사람들의 신임을 얻었습니다. 그리고 첫째 형은 사람의 마음을 위로하고 생활습관을 고쳐 병을 미연에 예방해주었습니다. 하지만 사람들은 첫째 형의 의술에는 크게 감동하지 않았습니다.

그러던 어느 날 삼형제 소식을 들은 위나라의 문왕이 편작을 불러 이같이 물었습니다.

"그대 삼형제는 모두 의술이 뛰어난데 그 중 누가 제일 실력이 좋은가?"

그러자 편작은 주저 없이 첫째 형의 의술이 가장 뛰어나고 그 다음은 둘째 형, 그리고 자신의 실력이 제일 비천하다고 말했습니다. 왕은 사람들이 제일의 명의로 칭송하는 편작의 말을 듣고 매우 놀라 그 연유를 물었습니다.

"큰형님은 환자가 아픔을 느끼기 전에 얼굴빛을 보고 그에게 장차 병이 생길 것을 미리 알아 병의 원인을 제거해줍니다. 그러므로 환자는 아프지 않은 상태에서 병을 치료받게 되는 것이지요. 때문에 환자들은 형님의 의술이 자신의 고통을 제거해 주었다는 사실을 알지 못합니다. 둘째 형은 상대방의 병세가 미미한 상태에서 병을 알아채고 치료를 해줍니다. 그러므로 이 경우의 환자도 형이 자신의 큰 병을 낫게 해주었다고 생각하지 않는 것이지요."

왕은 편작의 말을 듣고 가만히 고개를 끄덕이기 시작했습니다. 그리고 편작은 말을 이어나갔습니다.

"그러나 저는 환자의 병이 커져 고통 속에 신음할 때야 비로소 병을 알아보고 치료에 들어갑니다. 환자의 병이 심각해 그의 맥을 짚어야 했고, 진기한 약을 먹이며 살을 도려내는 수술도 했습니다. 그래서 사람들은 나의 그러한 행동을 보고 비로소 자신의 병을 고쳐주었다고 믿게 되는 것이지요. 따라서 형들보다 제가 명의로 소문난 데는 바로 이런 연유가 있습니다."

위의 이야기를 통해서 알 수 있듯이 한의학에서는 첫째 형과 같은 '심

23

의(心醫)를 제일의 명의로 쳤습니다. '심의'란 마음을 다스리는 의사를 일컫는 것으로 병이 나기 전에 병의 근본을 바로잡아 주는 만큼 제일 빠르고 든든한 치료법이 아닐 수 없습니다. 앞서 말한 『황제내경』의 미병 이치(未病而治)와 같은 사상이라 할 수 있습니다.

이렇게 한의학에서 진찰 전에 심의가 가능했던 이유는 인체를 음양과 오장육부의 조화와 균형으로 통일된 복합 유기체로 바라보기 때문입니다. 그래서 바이러스나 세균 등의 병적 요인이 인체에 침입해 내부 균형을 깨뜨리면 곧바로 드러나는 신체적인 특징을 파악해 병의 악화를 예방할 수 있었던 것입니다.

인체 내부의 불균형을 나타내는 신체적 특징이 바로 우리를 괴롭히는 자질구레한 잔병들입니다. 잔병은 아이의 삶의 질을 떨어뜨릴 뿐만 아니라 앞으로 커다란 병을 앓기 위한 전주곡으로 간주할 수 있습니다. 그러한 이유는 잔병으로 인체의 리듬이 흐트러져서 각 장기의 기능이 원활하지 못하고 기혈이 제대로 이뤄지지 않아 면역력을 크게 떨어뜨리기 때문입니다.

원래 잔병은 하루아침에 발병하는 일시적인 증상이 아닙니다. 잔병이 발병하기까지는 아이의 몸속 균형을 깨뜨리기 위해 지속적으로 영향을 주는 요인이 분명히 존재합니다. 가령, 주변의 환경적 요인이나 식생활 등이 아이 건강과 밀접하게 관련돼 있어 보이지 않게 공격하는 것이지요. 공격을 당한 신체 기능은 점점 면역력이 약해지고, 허약해진 장기와 관련된 부위에서 잔병의 면모가 드러나는 것입니다. 따라서 잔병은 오히려 오랜 시간 보이지 않게 침범해서 발병한 질환이라 할 수 있습니다.

한의학은 아이의 잔병 원인인 오장육부의 불균형과 노폐물들을 해결하고, 다시 균형을 잡고, 기혈 순환이 제대로 이뤄지도록 돕고 있습니다. 즉, 한의학에서 잔병은 인체의 균형이 깨졌다고 보는 것입니다. 따라서 한방은 병증 치료에만 목적이 있는 게 아니라 근본적인 허약의 원인인 '틈'을 메워 지언적으로 잔병의 근본을 치유하는 것입니다.

흔히 한의학은 음양오행설이 바탕이 된 '균형 의학'이라고 불립니다. 음양오행설이란 쉽게 말해 '일(日), 월(月), 화(火), 수(水), 목(木), 금(金), 토(土)'를 말하는 것으로서 일월(日月)은 음과 양을, 화, 수, 목, 금, 토는 각각 오행으로 세상을 이루는 요체를 뜻합니다. 한의학은 이런 음양의 조화와 세상의 이치가 조화를 이루고 균형을 이뤄야만 생명 활동을 유지하는 데 무리가 없다고 봅니다.

한의학에서는 세균에 의해 일시적으로 질병이 유발되면 세균을 죽이는 데 주안점을 두는 게 아니라 인체 스스로 세균에 대항할 수 있는 힘을 발휘하도록 면역력을 강화시키는 데 중점을 둡니다. 인체의 자연치유력을 높이는 보조적인 역할을 수행하는 것이 한방 의술의 목적이라 할 수 있습니다. 예를 들면 아이의 폐가 허약해서 질병이 생겼다면 허약한 폐의 기능을 강화시켜 스스로 병을 이길 수 있도록 하는 것입니다.

때로는 아이의 체질에 따라 이런 방법이 통하지 않을 때도 있습니다.

그럴 때 비로소 인체의 어느 부위도 손상하는 일 없이 균형에 맞게 일부 세균을 억제하는 치료법을 사용하기도 합니다. 이 역시 아이의 면역력이 세균을 이겨낼 정도로만 세균의 세력을 막아주는 것입니다. 이렇게 해서 아이의 몸은 면역력을 높이고 다음에도 병을 이길 수 있는 저항력이 만들어지는 것입니다. 질병의 근본적인 원인 개선과 사전 예방이 모두 이뤄지는 셈입니다.

한의학이 이런 치료법을 선택하는 이유는 사람마다 체질이 다르기 때문입니다. 사람은 원래 태어날 때부터 건강한 체질이 있는가 하면 허약한 체질도 있습니다. 또 선천적으로 건강한 체질로 태어났어도 섭생을 잘못하면 여러 질병에 걸려 허약해질 수도 있습니다.

따라서 한 가지 표면적인 방법으로 질병에 접근하기란 매우 어려운 일입니다. 게다가 진료가 어렵고 아직 미성숙한 아이들의 경우에는 더욱더 조심을 기울이지 않으면 안 됩니다. 아이들의 신체는 앞으로도 성장해야 할 부분이기 때문에 어른들이나 다른 체질의 아이들과 동일하게 치료해서는 안 됩니다. 어떤 아이에게는 약한 약이 다른 아이에게는 강하게 작용해서 오히려 몸에 부담을 줄 수도 있습니다.

2009년 유네스코 세계기록유산으로 등재된 허준 선생의 『동의보감』첫머리에는 이런 글귀가 적혀 있습니다. "사람에 따라 형과 색이 다르고 장부도 다르므로 외부 증상은 비록 같다고 하더라도 치료법은 사람에 따라 확연히 다르다." 그래서 한의학의 진정한 가치는 아이의 체질에 맞는 1:1 맞춤 의학이 이뤄진다는 것에 있습니다. 아이뿐 아니라 사람에 따라 침, 뜸, 약 중 하나만 처방하거나 복합적으로 처방해 의술을 행하게 되는 것이지요.

특히 아이들의 잔병 치료는 주로 한약을 많이 사용하고 있습니다. 아직 혈이 제대로 이뤄지지 않은 아이들에게 침술을 잘못 행하면 나쁜 영향을 미칠 수도 있기 때문입니다. 따라서 자연적인 상태의 식품인 한약을 이용해 인체에 대한 유해 작용을 최소화하고, 생체 기능을 최대한 높여 조화로운 몸의 균형을 유지하는 것입니다. 예전에는 한약에 대한 이해가 부족한 부모들이 아이의 체질과는 무관하게 "어느 약재가 좋다던데 그걸로 지어주세요."라고 터무니없는 요구를 할 때도 있었습니다. 하지만 한약은 모든 사람에게 똑같은 작용을 하는 것은 아닙니다.

한약은 일반적으로 여러 약재가 같이 처방돼 상호 보완 작용이 이뤄져야 효과를 발휘합니다. 게다가 정확히 어떤 장기의 기능이 어느 정도 허한지에 따라 한약을 적절히 처방해야 좋은 효과를 얻을 수 있습니다. 도리어 잘못 처방하면 부작용이 발생해 오장육부의 균형을 깨뜨릴 수도 있습니다. 한약의 약재로 쓰이는 홍삼의 경우가 그렇습니다. 홍삼이 누구에게나 맞는다는 말은 대단히 잘못된 것으로 홍삼을 아이에게 먹일 때 신중을 기해야 합니다. 반드시 한의사의 세밀한 진찰 후에 홍삼을 처방받아 복용할 것을 권합니다.

한약을 처방받은 후에도 한 가지 명심해야 할 사실은 한약 몇 첩만으

27

로 아이의 질병들이 모두 사라질 것이라는 큰 기대는 하지 않는 것이 좋습니다. 한약은 허약한 기능을 보강하는 역할을 하여 아이의 몸이 다시 제 기능을 하도록 도와주는 것이지 완전히 건강한 체질로 탈바꿈하는 것은 아니기 때문입니다.

따라서 부모는 짧은 기간의 한약 복용으로 아이의 잔병을 다스리려 하지 말고 체질에 맞는 음식 섭취와 함께 적당한 운동과 휴식을 통해 면역력을 높일 수 있는 생활 속 관리도 병행해야 합니다. 이것이 바로 한의학이 추구하는 자연치유의 질병퇴치법이라 할 수 있습니다.

한의학에서 본 허약 체질 어린이

'허약아'란 선천적 혹은 후천적 원인에 의해 발육이 늦거나 정상적인 발육이라 하더라도 체력이 약하고, 질병에 대한 저항력이 낮아 쉽게 병에 걸리는 아이를 말한다. 허약 체질 어린이들은 검사상으로는 별다른 이상은 없지만 잦은 잔병치레로 건강 상태와 성장에 좋지 않은 영향을 미치게 된다.

일반적으로 허약아의 증상은 '자주 어지럽다.' '기운이 없어 보이며 비활동적이다.' '나이에 비해 체중, 신장 등 신체적 발육이 늦은 편이다.' '수면 중에 땀이 많이 나거나 주간 활동 시 땀을 많이 흘린다.' '빈혈이 있다.' '잔병치레가 많으며 병을 앓고 난 후 쉽게 피로를 느낀다.' 등으로 나타난다. 한의학에서는 이런 허약 체질 어린이들을 오장(간, 심, 비, 폐, 신)의 기능적인 허약에 따라 다섯 가지 허약증으로 분류해 이에 따른 대책을 마련하여 체질을 개선할 수 있도록 도와준다.(한의학적 오장의 개념을 해부학적인 오장 개념과는 다른 개념으로 인식해야 한다.)

첫째, 호흡기계 허약증(폐, 肺)으로 '감기에 자주 걸리거나 잘 낫지 않는다. 찬바람을 쐬거나 찬 음식만 먹어도 기침을 한다.' '편도염, 인후염 등에 잘 걸린다.' '코피가 자주 난다' 등의 증상을 보인다. 이 경우는

28

아이를 너무 덥게 키우지 말고, 적절한 운동으로 몸을 단련시킨다. 되도록 공기가 나쁜 곳은 피하고, 비염이나 편도염이 자주 걸리는 경우는 식염수로 코나 목 안을 세척해주는 것도 좋다.

둘째, 소화기계 허약증(비, 脾)으로 '밥맛이 없어 잘 먹지 않으며 편식을 한다.' '소화가 안 되는 경우가 많다. 자주 체한다. 배가 자주 아프거나 더부룩하다.' '구토나 구역질을 자주 한다.' '설사나 변비가 잦다.' '몸이 마르고 팔과 다리에 힘이 없다' 등으로 나타난다. 이때는 일정한 식사 시간에 적당량의 식사를 하되 소화에 지장을 주는 음식물(찬 음식, 아이스크림, 튀김, 인스턴트 음식 등)을 피하고 소화가 잘 되는 음식 위주로 먹인다.

셋째, 성신신경계 허약증(심, 心)으로 '잘 놀리고 겁이 많다.' '예민하여 환경이 조금만 변해도 쉽게 불안, 초조, 긴장을 잘한다. 경련을 하기도 한다.' '잠꼬대를 자주 하며 꿈이 많다. 자다가 갑자기 울거나 무서워한다.' 등이다. 이 경우는 갑작스런 자극을 피하고, 겁을 주거나 억압하지 말고 칭찬과 격려로 마음을 편안하게 해주어야 한다. 또 환경을 조용하게 하며 무서운 영화나 만화 등을 보지 못하게 하고, 가족 간의 불화나 부부 싸움은 아이를 더욱 불안하게 하므로 피해야 한다.

넷째, 운동신경계 허약증(간, 肝)으로 '팔이나 다리에 힘이 없다. 자주 넘어지며 손목이나 발목을 자주 삔다.' '부분적으로 근육에 경련이나 쥐가 잘 내린다.' '근력이 약하고, 살도 무른 편이다' 등으로 나타나며, 이 경우는 적당한 운동을 시키고 목욕을 자주하여 혈액순환을 돕는 것이 중요하다.

다섯째, 비뇨생식계 허약증(신, 腎)으로 '소변이 잦으며 시원하지 않다.' '밤에 오줌을 싸거나 낮에도 옷에 오줌을 지린다.' '소변 색이 탁한 경우가 있다.' '아침에 일어나면 눈두덩이 붓는 경우가 많다' 등등의 증상으로 나타나며, 이런 경우에는 몸을 차게 하지 않고 소화가 잘 되도록 하여 몸 에너지의 중심인 원기를 보강해야 한다.

허약 체질 어린이들은 우선 적당한 영양, 운동, 휴식과 섭생을 철저하게 해보고, 그렇게 해도 개선되지 않으면 한방 치료를 통해 허약한 점을 보충하고 원기를 회복시켜 건강을 되찾게 도와주는 것이 좋다.

2.
어릴 적 잔병이
평생 건강을
좌우한다

> **튼튼한 집을 지으려면** 제일 처음 무엇을 해야 할까
요? 우선, 기초공사가 제대로 이뤄져야 합니다. 기반을 다지고 단단한
버팀목을 세워 골격을 갖춘 다음, 차곡차곡 벽돌을 쌓아 집을 완성해가
는 것입니다. 이때 가장 중요한 것은 얼마나 단단한 골격을 세우느냐 하
는 것입니다. 골격이 단단한 집은 추위와 비바람 같은 외부 침입에도 강
하게 버틸 수 있지만 기초가 제대로 이뤄지지 않으면 작은 외부 충격에
도 쉽게 흔들리고 결국 무너질 수 있기 때문입니다.

따라서 집은 초기 기반 작업의 성패에 따라 좋은 집이 되느냐, 그렇지 않느냐가 결정됩니다. 마찬가지로 건강도 '초기 기반을 어떻게 하느냐'에 따라서 얼마나 오랫동안 튼튼하게 지낼 수 있을 것인지 결정됩니다.

가령, 기반을 다지고 단단한 골격을 세우는 것이 집의 기초공사라면 '건강'에서의 기초공사는 어린 시절의 체력 관리라 할 수 있습니다. 즉, 성인의 '건강'이 완성된 집이면 당연히 어린 시절의 '건강'은 집을 짓는 과정에 속하게 되는 것이지요. 면역력을 길러주고, 호흡기·소화기계·신경계를 든든하게 해서 평생 성장의 기초를 튼튼히 해주는 것입니다.

이렇게 어린 시절부터 관리한 건강은 성인 건강으로 이어지기 때문에 어릴 적 건강관리를 확실히 해두지 않으면 안 됩니다. 하지만 어린아이들은 스스로 건강을 관리할 능력이 없기 때문에 자연히 부모에게 많은 부분을 의존하게 됩니다. 따라서 어릴 적 건강의 기초는 부모의 몫이라고 할 수 있습니다.

필자가 어릴 때만 해도 잔병치레로 고생하는 아이를 보면 어른들은 곧잘 "병 같지도 않은 걸로 귀찮게 한다."며 대수롭지 않게 여겼습니다. 웬만하면 그냥 아이가 버텨주길 바라고 잔병에 크게 신경 쓰지 않기도 했습니다. 사실 먹고살기 바빠서 신경 쓸 겨를이 없다는 표현이 더 적절할 것입니다. 때문에 일부의 아이들은 성장기 때의 잔병이 성인으로 이어져 만성적인 질병으로 평생 고생하기도 합니다.

이런 성인은 뒤늦게 잔병치레를 위해 의원을 찾기도 합니다. 가장 면역력이 높을 시기인 20~30대 청년에서부터 중장년에 이르기까지, 심지

어 노년이 되어서도 어릴 적 잔병을 치료하려는 환자들이 많습니다. 이런 환자들의 치료를 돕게 될 때는 좀 더 일찌감치 잔병을 치료받았더라면 그렇게 오랜 기간 고생하지 않아도 됐을 것이고, 지금보다 쉽게 치료할 수 있었으리라는 생각으로 안타깝습니다.

잔병은 몸에 이미 병적인 요소를 심어두고 있어서 작은 충격이나 자극에도 민감하게 반응할 조건을 갖추게 됩니다. 그래서 그 원인이 사라지지 않는 한 지속적으로 질병이 나타나고, 고인 물도 시간이 지나면 점점 썩는 것처럼 잔병도 점점 악화돼 만성이 되고 다른 질환으로 발전하게 되는 것입니다.

마치 일종의 도미노 게임과 같습니다. 도미노는 한 번 건드리면 차례차례 모두 무너지듯이 우리 몸도 잔병으로 인해 잘못 건드려지면 서서히 오장육부의 기능이 무너져 내립니다.

실제로 한의원을 찾아온 27세의 남성 환자는 잔병 때문에 생활을 제대로 할 수 없다고 토로했습니다. 겉보기에는 체격도 좋고 건실해 보이지만 거의 1주일에 한 번씩 찾아오는 잔병 때문에 체력은 이미 바닥 난 상태였습니다.

청년의 잔병치레는 처음에는 감기나 복통, 배탈 등으로 시작했다가 나중에는 피부 가려움증까지 복합적으로 나타나 수시로 병원 신세를 져야만 했습니다. 그리고 청소년기에는 무엇보다 잔병으로 인해 공부도 제대로 할 수 없었고, 대인관계나 사회생활 역시 뜻대로 할 수 없어서 늘 "덩칫값도 못한다."는 소리를 들어야 했다고 합니다. 결국 청년은 잔병으로 극심한 스트레스와 우울증 등 정서적인 불안까지 겪고 있었습니다.

청년이 이렇게까지 육체적·정신적으로 고통받는 데는 몸속의 오장육부들이 이미 기능이 저하되어 면역력이 현저하게 떨어졌기 때문입니다. 따라서 스스로 치유할 수 있는 자연치유력을 이미 잃은 상태였습니다. 때문에 사기(邪氣)가 침투하여 병을 유발했다기보다는 오히려 자신의 허약한 몸이 병을 부르고 있는 형국이었습니다.

청년의 몸이 이토록 쇠약해진 것은 처음부터 잔병에 대해 근본적인 치료가 제대로 이뤄지지 않았기 때문입니다. 『동의보감』에서는 '치병필구어본(治病必求於本)'이라는 말이 있습니다. '병을 치료함에 있어 반드시 근본 원인을 찾아야 한다.'는 뜻으로 병을 치료하는 것이 단순히 증상을 없애거나 통증을 호전시키는 것과는 다르다는 의미를 나타냅니다.

즉, 근본적인 원인을 반드시 찾아 그것을 완전하게 제거해야 확실히 '치료'라고 할 수 있는 것입니다. 청년의 예처럼 당시 표면적으로 나타난 잔병 증상만 치료하게 되면 몸의 내부는 잔병의 찌꺼기로 인해 도미노처럼 연쇄적으로 다른 장기의 기능을 떨어뜨리게 되는 것입니다. 결국 청년은 지금처럼 오랜 시간 많은 돈을 들여 치료받지 않아도 될 것을 '호미로 막을 것을 가래로 막는 격'이 돼버렸습니다.

이는 곧 어릴 적 잔병에 대한 부모의 대처가 미흡했다는 것을 직접적

으로 드러내는 결과라 할 수 있습니다. 아이가 평생 건강한 삶을 영위하기 위해서는 부모의 역할이 무엇보다도 중요하다는 것을 재차 강조할 수밖에 없습니다.

소아 건강에도 시기가 있다!

아이들의 건강도 가장 집중 관리돼야 할 중요한 시기가 있습니다. 물론 아이가 태어나는 순간부터 건강을 위한 보살핌이 중요하지만 주로, 생후 6개월에서 3세까지와 신체를 비롯한 뇌의 성장이 종합적으로 이뤄지는 만 4세부터 5세까지가 매우 중요합니다.

이 시기에 각별히 건강관리와 잔병 치료를 해줘야 하는 이유는 영아가 생후 6개월이 넘어서면 모체로부터 받은 선천적 면역력이 떨어지기 때문입니다. 그래서 생후 6개월 이전까지는 잔병치레가 없던 아기들도 그 이후부터는 갖가지 질병들로부터 공격을 받고 고생하게 되는 것입니다.

생후 6개월부터는 스스로 면역력을 키워내기 시작해서 3세까지 아이의 몸에서 생성되는 면역 물질은 성인의 90% 수준까지 이르게 됩니다. 그래서 몸의 내부는 어느 정도 성인과 비슷한 방어 능력을 갖추게 됩니다. 나머지 면역력은 성장하면서 생기게 되므로 '자가면역력'이 형성되는 시기에 기초 체력을 튼튼히 하고 면역력 향상에 도움을 주면 아이는 성장하는 내내 잔병치레 없이 건강하게 자랄 수 있게 됩니다. 반대로 이 시기에 아이의 건강관리를 소홀히 하게 되면 툭하면 아픈 '허약 체질의 아이'가 되는 것입니다.

그밖에도 생후 6개월부터 3세까지의 몸 관리가 건강한 체질과 허약한 체질의 아이를 판가름하는 기준이 된다면, 4~5세 전후의 몸 관리는 성장 발육에 영향을 끼칩니다.

4~5세 전후는 아이의 성장이 종합적으로 이뤄지는 시기입니다. 신체는 물론 정신적인 성장이 활발한 시기에 잔병으로 고생하게 되면 발육이 제대로 이뤄지지 않는다는 것은 분명한 사실입니다.

성장호르몬은 몸의 균형을 이루며 자라도록 돕고 있습니다. 하지만 잔병치레로 고생하는 아이일 경우에 성장호르몬은 '성장'과 무관하게 쓰이게 됩니다. 성장에 쓰여야 할 성장호르몬이 잔병으로 허약해진 아이의 기운을 회복하는 데 사용되는 것입니다. 더구나 지속적인 잔병치레로 고생한다면 결국 '밑 빠진 독에 물 붓기'처럼 성장호르몬도 의미 없이 새어나가게 됩니다. 그래서 잔병이 많은 아이들의 몸은 또래 아이들에 비해 왜소해질 수밖에 없습니다.

실제로 성장 장애를 겪고 있는 아이들의 58.7% 정도는 잔병치레가 원인으로 나타났고 나머지 유전상의 이유, 생활습관, 영양 상태 등으로 분석되고 있습니다. 대한한방병원협회 임상 자료를 구체적으로 살펴보면, 2007년 1년간 성장클리닉에 진료 차 방문한 2000여 명의 아이를 대상으로 조사한 결과 소화불량, 만성 설사 등 소화기 허약 증세를 호소하는 아

이들이 32.3%, 알레르기 비염이나 잦은 감기가 15.5%, 수면 장애와 스트레스 등의 요인이 10.9%로 나타났습니다.

이런 경우 원인에 따른 치료를 하면서 성장 치료를 병행한 결과, 성장호르몬이 약 20% 이상 증가하고 키도 월평균 0.7cm씩 자란 것으로 드러났습니다. 이 같은 결과를 놓고 볼 때 성장기 아이들에게 있어서 잔병은 성장을 저해하는 가장 두드러진 존재임에 틀림없습니다.

따라서 어릴 적 잔병이 성장기를 거쳐 성인에 이르러서도 얼마나 큰 영향력을 미치고 있는지는 더 이상 두말할 필요가 없습니다. 게다가 재차 강조하지만 잔병은 삶의 질을 현저하게 떨어뜨릴 뿐 아니라 큰 병으로 발전할 가능성이 매우 높기 때문에 가볍게 보지 말고 주의해야 합니다. 허약해서 질병이 발생하고, 잔병으로 인해 몸이 더욱 약해지는 악순환의 고리를 과감하게 끊어주어야 합니다.

모든 병은 병세의 경중을 떠나 초기에 치료해야 완치할 수 있고, 치료 비용도 적게 듭니다. 흔히 '잔병 앓는 사람이 오래 산다.'는 말을 합니다. 이런 말이 나오는 이유는 자잘한 잔병으로 몸의 저항력이 높아진 탓도 있겠지만 가벼운 질환으로 병원을 자주 찾는 사람이 질병에 더 조심하고, 무리하지 않으며, 중병의 조기 발견도 쉬워 제때 치료를 받을 수 있기 때문입니다.

그러므로 아이의 잔병을 성장기 동안 한때 지나가는 통과의례처럼 가볍게 여기지 말고, 아이의 건강을 갈무리 짓는 마침표라는 생각으로 근본적인 조기 치료를 해줘야 합니다. 이것이 바로 아이가 평생 건강하게 사는 건강지침서라고 할 수 있습니다.

조기 발견과 조기 치료가 중요한 것은 중병뿐 아니라 잔병도 중병처럼 조기 발견, 조기 근본 치료를 해주는 것이 아이의 장래를 위해서 가장 바람직한 태도라 할 수 있습니다.

우리 아이의 잔병치레 원인

어느 부모든 자녀가 똑똑하고 건강하게 성장하기를 바라는 것은 매한 가지일 것입니다. 자녀가 건강해서 밝고 활기차게 뛰어노는 모습만큼 흐뭇한 일은 없을 테니까요. 반면에 병을 달고 사는 허약한 아이를 둔 부모의 걱정은 클 수밖에 없습니다. 원인도 모른 채 아픈 아이를 간호해야 하는 부모는 '우리 아이는 왜 이렇게 허약할까?' 라고 생각하며 이유를 찾기에 바쁠 것입니다.

사실 한의원을 찾는 부모의 고민도 아이의 허약한 체질을 가장 큰 문제로 여기고 있습니다. 감기를 달고 살고, 자주 배가 아프다고 호소하는 잔병꾸러기들을 데리고 부지런히 병원을 다니지만 횟수만 잦아질 뿐 쉽게 개선되지 않아 결국 한의원을 찾는 경우가 허다합니다. 부모들은 나아지지 않는 아이의 잔병치레 때문에 답답한 심정으로 원인이 어디에 있는지 이유를 알고 싶어 합니다.

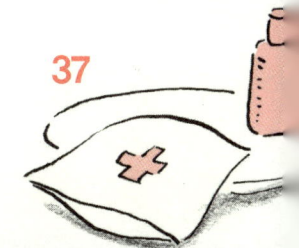

그럴 때는 가장 단순하지만 명확한 답인 '허약아'를 강조합니다. 『황제내경』에는 '사지소주 기기필허(邪之所湊 其氣必虛)'라는 구절이 있습니다. 즉 '나쁜 기운이 몰려 병이 되는 곳은 반드시 그 곳의 기가 허해진 것으로 본다.'는 뜻으로 이를 달리 비유하면 풍선을 불 때 가장 얇고 약한 부분에서 바람이 먼저 터져나가는 것과 같은 의미입니다.

아이가 허약한 경우는 정기가 부족해서 생긴 '허(虛)'와 사기(邪氣)가 지나쳐서 몸의 균형을 잃은 실(實), 즉 '허실론'에 의해서 나타나는 몸의 상태를 말합니다. 한의학에서는 건강이 '허하지도 않고, 실하지도 않은 상태, 즉 음양의 조화가 이루고 있는 상태'라고 말합니다. 그러나 잔병이 몸이 허약해서 생긴다는 것은 알지만 왜 허약한 체질이 됐는지에 대해서는 또 다른 설명이 필요합니다. 정작 잔병치레를 하는 근본적인 원인, 허약 체질의 바탕에는 '면역력의 저하'가 있습니다.

우리 몸은 끊임없이 새로운 세포가 생성되고 노화된 세포와 교체되고 있습니다. 그런데 체내 세포 중 이상 세포가 증식한다든가 새로운 세균이 침입하면 몸은 이에 반응하여 이상 징후가 나타나게 되고 아프기 시작합니다. 그럴 때 우리 몸은 정상적인 상태로 돌아가기 위해 비정상적인 세포와 세균에 대항해 이들의 증식을 막고, 사전에 예방하려는 움직임을 면역 기능이라고 합니다. 그리고 이것을 예방할 수 있는 체내의 힘을 면역력(免疫力)이라 부릅니다. 쉽게 말해 면역력은 몸속에서 좋지 않은 영향을 미치는 세균과 이물질 같은 나쁜 요인들을 해독, 살균하여 자기 몸을 지키는 방어력을 말합니다.

면역력은 바이러스나 세균 등 병원체가 체내에 침입하는 것을 방지하고, 몸속 오염물질을 깨끗하게 청소하고, 인체 외부로 배출해 훼손된 기관의 건강을 회복하도록 도와줍니다. 게다가 면역력에는 기억장치가 있어서 인체에 침입했던 각종 질병인자(항원)를 기억했다가 이와 유사한 병균이 침입하면 즉시 항체를 만들어 대항합니다. 우리는 이런 면역력의 도움으로 몸에 들어온 질병을 예방하고, 아프더라도 조금 앓고 다시 건강하게 일어설 수 있는 것입니다.

한의학에서 '면역' 이란 용어는 『면역유방』이라는 18세기 책에서 처음으로 등장했습니다. 그러나 그 이전부터 면역과 가까운 개념으로 한의학에서는 잔병에 대한 저항력과 질병으로부터의 회복 능력을 말하는 '정기' 라는 개념이 있습니다.

『황제내경』을 보면 '정기가 잘 간직돼 사기가 침범하지 못한 것' 을 건강한 상태라 했고 '정기가 허약해 사기가 침범한 것' 을 발병이라고 설명하고 있습니다. 옛사람들은 질병을 인체의 정기와 병사가 서로 다투는 과정이라 보았으며, 정기의 강약에 따라 질병의 발생과 악화, 변형과 호전이 결정되는 것으로 알았습니다.

예컨대 여러 가지 원인으로 정기가 허약해지면 외사(外邪, 몸 밖의 나쁜 기운)는 쉽게 허약한 곳으로 침입하고, 내사(內邪, 몸속의 나쁜 기운)가 들고 일어나서 각종 질환을 일으키는 것입니다. 『황제내경』은 '정기존내 사

불가간(正氣存內 邪不可干)'이라 하여 신체의 정기가 충실하면 외사, 내사를 모두 예방할 수 있고 정기가 병사와의 투쟁에서 승리하면 인체는 질병을 면할 수 있게 된다고 기술하고 있습니다. 이는 현대의 면역 개념과 매우 흡사합니다.

이처럼 한의학의 '정기'는 곧 면역력이며, 면역력이 약한 것을 정기가 허약한 것으로 봅니다. 잔병에 자주 걸리는 허약한 아이들은 또래 아이들에 비해 면역력이 떨어진다는 것을 의미합니다. 즉, 면역력의 개인차가 건강한 아이와 허약한 아이의 차이를 나타내는 것입니다. 매번 힘이 약해 애들한테 맞고 다니는 아이가 면역력이 더 약하다는 우스개도 있는데 전혀 일리가 없는 말은 아닙니다.

면역력이 차이가 나는 이유

아이들의 면역과 건강관계는 유전적인 요인에서도 차이를 보입니다. 한의학은 선천적인 질병 인자에 대한 체질적인 저항력이나 적응력, 과민성들이 이미 결정돼 있다고 봅니다. 이는 『황제내경』도 이미 다루고 있는 내용이며, 중국 수나라 때의 저서인 『제병원후론』에서도 질병 인자에 대한 과민성과 체질은 서로 관계가 있다고 밝히고 있습니다.

예를 들어 옻나무에 과민하게 반응하는 체질이나 꽃가루에 과민하게 반응하는 체질 등은 선천적인 요인에 의해서 나타난다고 보는 것이지요. 평소에 음기가 약한 사람에게 주로 나타나는 증상과 양기가 약한 사람에게 나타나는 증상도 바로 이런 유전적인 면역에 의해 영향을 받고 있는 것입니다.

이 외에도 아이가 '자가 면역'이 형성되는 시기에 환경적인 요인이나 정신, 생활방식이 올바르게 관리되지 않으면 면역력 형성에 영향을 받습니다. 『여씨춘추』를 보면 '건강과 장수의 비결은 신체를 단련해 체질을 증강시켜 징기의 인자를 손상하지 않는 것'이라고 했습니다. 이는 태어난 이후의 섭생에 따라서 건강한 체질을 만들 수 있다는 것으로 '자가 면역' 형성에도 아주 중요합니다.

반대로 불규칙한 생활과 오염된 환경, 잘못된 먹을거리는 그만큼 면역력의 형성을 저해하는 것으로 볼 수 있습니다. 무분별한 항생제 처방과 식품 방부제와 인공 첨가물 등이 인체에 나쁜 영향을 끼친다는 것은 모두 알고 있는 사실입니다. 이런 화학제품들이 체내에 축적돼 사기(邪氣)로 변해 음양의 조화를 깨고, 기혈 순환을 방해하여 정상적인 생리 활동이 진행되지 않기 때문에 신체를 보호하는 면역 기능이 떨어지게 되는 것입니다.

특히 산업화로 맞벌이 가정이 늘어나면서 생긴 생활 패턴은 아이의 면역력을 떨어뜨리는 가장 큰 문제라 할 수 있습니다. 부모의 부재로 인한 간소화되고 간편화된 음식 문화도 문제지만 자녀에 대한 지나친 관심 역시 아이의 건강을 해칠 수 있습니다.

온전히 아이를 돌볼 수 없는 맞벌이 엄마들은 보육시설이나 친인척의 손을 빌려 아이를 키우는 것이 일반화되고 있습니다. 아이가 엄마를 떠나 다른 사람에게 양육되다보니 정서적으로 불안해지고, 불규칙한 주변 환경과 생활 때문에 혼란을 겪는 일도 많아졌습니다. 이럴 때 아이들은 많은 스트레스를 받고 생활 리듬이 흐트러지게 됩니다. 자연적으로 면역력의 형성에도 영향을 미치게 됩니다.

또 간소화된 서구식 식생활이 영양 불균형을 초래하고, 가전 기기의 편리성과 생활 태도의 변화로 훨씬 줄어든 아이의 신체 활동도 면역력을 떨어뜨리는 원인이 되기도 합니다. 게다가 지나친 자식 사랑도 아이의 면역력을 떨어뜨리는 데 한몫하고 있습니다.

아이들은 처음 잔병을 앓으면서 서서히 그에 맞서는 자가 면역을 형성하게 됩니다. 그런 후에 이와 유사한 질병에 대한 대응력이 생겨서 더욱 강해질 수 있는 것이 인체 리듬입니다. 그러나 아이 사랑이 지나친 부모는 아이의 작은 아픔에도 크게 신경 쓰고 노심초사합니다. 아이가 감기 기운이라도 보일라치면 큰 병이라도 난 것처럼 부리나케 병원을 찾고 수시로 병원을 들락거리며 민감하게 반응합니다. 심지어 아이의 상태가 괜찮다는 의사의 말도 믿지 않고 기어이 약을 받아가는 부모들도 있습니다. 바로 이 같은 부모의 과민반응 탓에 아이들의 몸은 면역력을 생성해 스스로 자연치유할 수 있는 기회를 잃어버리게 됩니다. 자연적으로 다른 아이들보다 면역력이 떨어질 수밖에 없는 것입니다.

흔히 부모는 의술의 도움으로 병을 일찍 치료하면 건강해질 것이라고 생각합니다. 하지만 항생제나 해열제 또는 스테로이드제 등을 과다 복용하거나 너무 자주 사용하면 인체에 부작용이 나타날 수도 있고, 약에 대한 내성이 생기기도 하며 아이의 면역력을 더욱 떨어뜨리기도 합니다. 또한 전문가의 도움 없이 스스로 치료한다고 하여 엉뚱한 방법을 써 몸이 나빠지는 경우도 경계해야 합니다.

인체는 질병을 이겨낼 수 없으면 자연치유력이 생기지 않아 나약해질 수밖에 없습니다. 특히 부모의 지나친 걱정과 근심은 아이에게 민감하게 전달되기 때문에 정서에도 좋지 않게 됩니다. '과유불급(過猶不及)'이라는 말이 있습니다. 육아 방법에도 '과유불급'이란 말을 새겨들을 필요가 있습니다. 아이에 대한 부모의 관심은 지나쳐도 문제요, 부족해도 문제가 되는 것입니다. 결국 선천적·후천적인 아이의 허약 체질 원인은 부모에게서 비롯된다고 할 수 있습니다. 부모의 유전과 육아 방식, 생활 환경이 아이의 면역력을 결정하는 데 중요한 요인이 되는 것입니다.

따라서 부모는 자신의 육아 방식과 생활 방식을 돌이켜 생각해볼 필요가 있습니다. 부모의 태도는 곧 아이의 건강이라는 것을 염두에 두고, 자신의 무엇이 아이의 건강에 득이 되고 실이 되는지를 정확히 파악하고 이를 개선하기 위해 노력해야 합니다. 아이가 건강하게 자랄 수 있는 최고의 환경을 만들기 위해 노력하는 것이 아이의 잔병 문제를 근본적으로 해결할 수 있는 확실한 해답입니다.

얼굴빛으로 진단하는 우리 아이 건강 상태

한의학에서는 아이의 얼굴빛으로 아이의 건강 상태를 확인하는 경우도 있다. 흔히 어른들은 아이의 얼굴을 보고 "어디가 안 좋은 모양이다."라고 한다. 이는 실제로 아이의 얼굴색이 건강을 확인하는 척도가 되기 때문이다. 따라서 지금 아이의 얼굴을 잘 살피고, 그에 따른 빛깔에 따라 현재 아이의 건강 상태가 어떤지 확인해보자. 한의학에서 오장육부의 개념은 서양의학과 사뭇 다르다는 것을 염두에 두어야 한다. 예컨대 한의사가 "간이 나쁘다"고 해서 간 기능검사를 했더니 '정상'으로 나온 것처럼 한의학적 간의 개념과 서양의학에서 보는 간의 개념이 많이 다르다는 것을 인식해야 한다.

●●푸른빛(풀빛)의 얼굴

약간 푸른빛을 띤 얼굴은 간 기능과 관련이 깊다. 『동의보감』에는 간 기능에 문제가 있으면 얼굴이 푸르고 화를 잘 낸다고 했다. 옥이나 비취처럼 맑은 청색은 건강한 색이지만, 풀빛 같은 청색을 띤다면 간 기능 이상을 의심해 보고, 특히 경련을 자주 하는 아이는 미간과 코 주변, 입술, 손톱에서도 푸른빛이 보인다. 그리고 얼굴색이 푸르면서 약간 검은빛이 돈다면 체내에 어혈이 쌓였을 가능성도 높다. 간 기능이 떨어진 아이들은 신경질적이고 밤잠을 설치는 경우가 많다. 따라서 이런 아이들은 넓은 곳에서 잘 뛰어놀게 해 간과 신장의 기능을 높이고 흰 쌀, 쇠고기, 대추, 아욱 등을 자주 먹여준다. 그리고 약간 매운 종류의 음식을 먹이는 것도 좋다.

●●붉은색의 얼굴

얼굴이 밝은 빨간색이면 건강한 얼굴빛이지만 탁한 붉은색은 좋지 않다. 이런 얼굴빛이 나타나는 이유는 심장 기능이 약해졌다는 것을 의미하며, 이런 아이들은 신경이 예민하고 부끄러움을 많이 타는 특징이 있다. 또 얼굴이 붉은 아이들은 위장 기능이 약한 경우도 많아 구취도 심하고 변비가 잦다. 뺨에 통통하게 살이 올라 발그레한 것이 아니라 얼굴 전체가 붉다면 치료를 고려해봐야 한다. 이런 아이들은 덥게 키우지 말고, 맵고 뜨거운 음식을 피하며, 스트레스를 받지 않도록 신경을 써줘야 한다. 그리고 심장에 기운을 돋우는 보리, 양고기, 살구, 부추, 자두, 팥 등을 많이 먹이도록 한다.

●●누런빛의 얼굴

소화기의 기운이 약하고 체내에 습기가 많으면 얼굴이 노랗게 뜨고 트림을 자주한다. 이런 아이들은 귤이나 늙은 호박 등을 많이 먹어도 얼굴이 노래지는데 이는 '카로틴 혈증' 때문이므로 너무 걱정하지 않아도 된다. 다만 아이 얼굴이 황토색이거나 고동색을 띤다면 소화 기능이 좋지 않은 것으로 치료가 필요하다. 소화기가 약한 아이는 배를 따뜻하게 해주고, 음식을 억지로 먹이기보다는 적은 양을 여러 번 나눠 먹이도록 하며, 식사 시간 사이에는 가급적 간식을 먹이지 않는 것도 좋다. 또한 얼굴이 누르스름한 아이들은 기운이 약한 경우가 많으므로 운동을 격하게 시키지 않는 것이 바람직하다.

●● 창백한 아이

호흡기가 약하고 기운이 허한 사람들의 대부분이 얼굴빛이 하얗다. 하지만 하얀빛의 사람이라고 해서 모두 나쁜 것이 아니라 얼굴빛이 뽀얗고 메마른 느낌이거나 약간 검은 빛을 띠면 건강에 이상이 있다고 판단한다. 얼굴이 창백한 아이들은 호흡기가 약해 재채기를 사주 하고 감기나 만성 비염, 축농증에 걸릴 가능성이 높다. 또한 호흡기가 약한 아이들은 알레르기 질환에 민감하므로 찬바람이나 찬 음식을 조심해야 한다. 그렇다고 너무 덥게 키우지는 말고, 종종 맑은 공기를 마실 수 있도록 산책하거나 호흡기를 튼튼하게 만들고 폐의 기운을 돕는 닭고기, 복숭아, 파 등을 먹이는 것이 좋다. 그리고 지속적인 운동으로 폐활량을 키우는 것도 도움이 된다.

●● 검은빛의 아이

한의학에서 윤기가 나는 검은 피부는 신장의 기운이 강한 것으로 건강하게 보지만, 윤기 없이 숯처럼 거칠거칠한 느낌의 검은빛은 오히려 신장 기능이 떨어진 것으로 본다. 거친 검은빛의 얼굴과 하품이 잦다면 신장 이상을 의심해봐야 한다. 얼굴빛이 검으며 신장 기능이 좋지 않을 때는 탄 음식이나 뜨거운 음식을 피하고, 옷을 입힐 때도 조이는 옷이나 더운 옷은 입히지 않도록 조심한다. 음식은 주로 신장 기능을 보해주는 콩, 돼지고기, 밤, 미역 등을 먹이고, 매운 음식도 도움은 되지만 장기간 먹이는 것은 피하도록 한다.

45

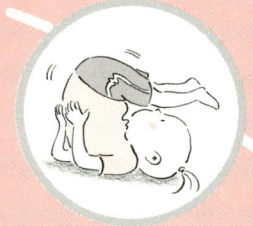

1부.

우리 아이 괴롭히는
잔병 탈출 프로젝트

1.

만병의 근원,
감기

> 찬바람이 불거나 일교차가 심해지면 자연스럽게 드는 생각이 혹시 '우리 아이가 감기 들지 않을까?' 하는 걱정을 많이 하게 됩니다. 아이들은 어른들보다 기후에 민감하기 때문에 쉽게 감기에 걸리고 때로는 심하게 앓기도 합니다. 따라서 환절기 마다 아이의 건강에 신경 쓰이는 건 매우 당연한 현상입니다.

한의학에서는 감기를 감모(感冒)라 부릅니다. 이는 상기도감염과 유행성 감모를 포괄해서 이르는 말로 풍사가 호흡기에 침범해 폐의 기운이 조화를 잃게 되면 땀구멍이 열리고 저항력이 약해져 날씨 변화에 따라 아이들 인체에서 특히 약한 부분을 타고 들어가 오한과 발열을 일으킵니다. 쉽게 말해 한의학적인 감기는 인체의 정기가 약해져 찬바람이 피부나 호흡기 쪽으로 침범해서 나타나는 증상으로 봅니다. 『황제내경』에서도 "나쁜 기운인 사기가 인체에 들어오는 것은 정기가 허약하기 때문"이라고 기술하고 있습니다. 즉, 인체의 정기가 튼튼하지 못하고 면역력이 부족하면 감기에 잘 걸리고 회복도 늦어지는 것입니다.

감기는 아이들이 가장 많이 걸리는 질병입니다. 보통 영유아나 어린이들이 1년 동안 감기에 걸리는 횟수가 평균 5~6회 정도라고 합니다. 특히 면역력이 약한 아이들은 환절기가 아니더라도 외부의 사소한 자극으로도 곧잘 감기에 걸려 부모를 속상하게 합니다. 나을 만하면 다시 열이 오르고, 감기가 떨어진 지 얼마 되지도 않았는데 다시 감기가 찾아오는 등 감기만큼 흔하면서 까다로운 질병도 없습니다.

저항력이 약한 아이들은 일단 감기에 걸리면 잘 낫기도 하지만 그만큼 자주 걸리고, 감기로 인한 합병증을 유발하기도 합니다. 아이들의 경우는 어른들의 면역 체계에 못미치기 때문에 전신이나 소화기 증상인 장도 감기의 영향을 크게 받을 수 있습니다. 그래서 증세도 고열이 쉽게 생기고 간혹 경련도 일으키며 구토, 설사 등의 위장 장애를 동반해 몸에 상당한 무리를 줄 수 있습니다.

하지만 아이들에게 감기가 가장 흔한 질병이라고 해서 무조건 이런 증상이 감기라고 속단해서도 안 됩니다. 왜냐하면 아이들에게 오는 다

49

른 질병의 초기 증세도 감기와 비슷하게 찾아오기 때문입니다. 예전에는 감기로 오인하고 한의원을 찾은 부모가 아이의 질환이 한때 유행하던 뇌수막염인 것을 알고 놀란 적도 있습니다. 이처럼 아이들의 감기 증세는 쉽게 넘길 게 아니라 각별한 주의를 기울여 정확하게 판단해야 합니다. 그렇게 해야 정확한 처방을 내릴 수 있습니다.

한방에서는 감기 환자가 왔을 때 '음양표리한열허실(陰陽表裏寒熱虛實)'이라는 기준에 의해 감기 유형을 구분해서 치료하고 있습니다. 풍한이나 풍열, 시행감모(유행성), 체표에 머물러 있는 것과 인체 내부에서까지 퍼진 것 등 종류를 구분하고 여름 더위에 의한 감기, 냉방병에 의한 감기, 계절과 관계없는 감기, 피로가 겹쳤거나 소화 장애가 겹쳐 생긴 감기, 지나친 성생활 후에 겹친 감기, 임신 중에 겹친 감기, 기침이 심한 감기, 다른 질환이 있는지 등의 요인을 파악한 후에 처방이 결정됩니다. 특히 유아나 어린이의 경우에는 위의 요인에 더해 놀라거나 체한 기운이 있는지, 열이 겹쳤는지도 함께 고려합니다. 또 체질에 따라 같은 유형의 감기라 하더라도 처방이 달라지기도 합니다.

풍한에 의한 감기의 경우에는 목 안이 가렵고 기침이 나며 맑은 콧물과 재채기가 나고, 목소리가 변하면서 두통이 오는 경우가 많습니다. 이때는 냉기와 풍기를 제거해 감기를 치료합니다. 풍열의 경우에는 인후부의 가려움증과 더불어 목 안이 붓고 건조해져 통증이 따르며 때로는 고열이 나기도 합니다. 치료 방법으로는 열기와 풍기를 제거해줍니다.

그 외에 폐의 기운으로 부족해서 생기는 감기들은 폐의 기운을 돋워 주는 치료를 하고 있습니다.

이렇게 여러 가지 사항을 고려해 적절한 약재를 배합하여 약을 짓는데 한의학에서는 이러한 치료 포인트를 '부정거사(扶正祛邪)'라는 방법으로 치료합니다. '부정거사'란 허약해진 정기는 살리면서 병원체인 사기를 몰아내는 것으로 인체 스스로 사기를 몰아낼 수 있는 힘을 갖게 하는 것입니다. 이런 방법이야말로 인체로 하여금 오장육부의 균형을 유지하고 스스로 면역력을 갖추게 하는 올바른 치료 방법이라 할 수 있습니다. 예컨대 자녀에게 고기를 먹여 주는 것이 아니라 고기를 잡는 방법을 가르쳐주는 것과 같습니다.

1 Tip

감기는 왜 걸릴까?

감기는 대부분 바이러스의 때문에 발병한다. 간혹 세균이나 마이코플라스마 등도 감기를 일으키기는 하지만 흔하지는 않다. 감기는 1년 내내 발병하지만 특히 1월, 4월, 9월 등 환절기에 걸쳐 집중적으로 발생한다. 감기 바이러스는 전염성이 강해서 바깥에서 많이 노는 아이들이 걸릴 확률이 높다. 놀이방이나 유치원, 학교 등에서 유행성 바이러스에 감염되는 수가 많고, 면역력이 약한 아기의 경우는 가족 중 한 명이 바깥에서 감기 바이러스에 접촉돼 이를 집까지 가지고 오면서 쉽게 전염된다.

●● 독감
한방에서 시행감모라 일컫는 독감은 인플루엔자 바이러스가 원인으로 일반적인 감기보다 증상이 심하다. 피로감을 동반한 40℃ 이상의 고열과 두통, 오한, 근육통으로 시달리며, 목이 심하게 아프고 마른기침과 관절통도 함께 나타난다. 또 가슴이 답답하고 소변 색이 노랗게 변하며 정신이 혼미해지는 등의 증세를

보이기도 한다.

3세 이하의 소아가 독감에 걸리면 바로 병원에서 진료를 받아야 하고, 그 연령 이상의 아이들이나 성인들은 고열이 3일 이상 지속되거나 오랜 기침으로 흉통과 호흡 곤란이 오고 가래를 동반하면 전문적인 치료를 받아야 한다. 그리고 심장질환이나 폐질환이 있는 아이가 독감을 앓으면 위험한 합병증이 생길 수 있으므로 빠른 치료가 필요하다.

독감에 걸리면 충분한 휴식과 수면을 취하는 것이 중요하다. 인플루엔자 바이러스는 건조한 곳에서 잘 번식하기 때문에 충분히 수분을 보충해줘야 하며, 가습기를 사용해 습도를 높이는 것도 도움이 된다. 특히 주의해야 할 점은 소아에게는 아스피린 제제가 있는 약의 복용을 자제해야 한다는 것이다. 아스피린 제제는 라이증후군을 유발할 가능성이 있으므로 사용하지 않는 게 좋다. 한방에서는 독감 치료를 위해 열을 내리고 해독하는 것을 목적으로 한 '달원음 갈근해기탕'과 '연교패독산'을 주로 사용한다.

1. 아이의 가장 약한 부위에서 나타나는 감기

소아 감기는 처음에 재채기, 맑은 콧물, 발열로 시작됩니다. 물론 아이마다 감기의 증상이 모두 같은 것은 아닙니다. 평소 아이의 체질을 유심히 관찰하다 보면 감기 증상도 재빨리 파악할 수 있습니다. 왜냐하면 아이들의 감기 증상은 아이가 유난히 약한 부위에서 시작돼 감기 증상이 중점적으로 드러나기 때문입니다.

예를 들어 평소 편도염이나 인후 부위가 약하거나 염증이 자주 생기는 아이일 경우 오한이나 발열, 두통과 목 부위의 통증을 호소하면서 감기의 첫 신호탄을 올리게 됩니다. 이런 아이들은 대부분 '열감기'로 고생하며 전신 근육통이 함께 나타나기도 합니다.

그리고 내 아이가 유난히 '코감기'에 잘 걸린다면 이때는 아이가 알레르기 비염이나 축농증을 가지고 있거나 평소에도 코가 많이 예민한 아이일 가능성이 높습니다. 또 기관지가 예민해서 찬바람을 쐬거나 먼지·냄새에 잔기침을 하고, 찬 음식만 먹어도 기침을 하는 아이의 경우에는 '기침감기' 발병 확률이 높습니다. 그러나 생각보다 기침을 오래하는 아이라면 감기 외에 폐렴이나 기관지천식, 비염이나 축농증 혹은 위식도역류증 등 다른 질환도 함께 의심해볼 필요가 있습니다. 감기로 인해 쉽게 합병증이 생기거나 감기와 유사한 다른 질병일 가능성도 있으니 항상 다른 쪽도 체크해야 합니다.

혹시 아이가 이런 증상을 보인 적은 없었나요? 열은 나지 않고 별다른 감기 증상도 없는데, 유독 음식물을 소화하지 못하고 계속 설사만 했던 경험, 이런 경우에 많은 부모들이 단순한 소화 불량으로 착각해 아이에게 소화제나 지사제를 먹이지만 이것 역시 감기 증상으로 볼 수 있습니다. '위장형 감기'라 하여 평소 위와 장이 약한 아이들이 흔히 보이는 감기 증상입니다. 위와 장이 약한 아이들은 감기에 걸리면 소화기 계통에 지장을 줘 자주 탈이 납니다. 따라서 소화제나 지사제를 먹여도 효과가 없는 아이의 배앓이는 특히 조심해서 살펴볼 필요가 있습니다.

물론 위와 같은 경우 외에도 허약 체질의 아이는 모든 감기 증상이 한꺼번에 나타나는 '몸살형 감기'나 심할 경우 경련을 일으키는 경우도 있

53

습니다. 그렇기 때문에 부모님들은 평소 아이들의 체질을 유심히 관찰하여 자세히 파악해두는 것이 좋습니다. 그리고 내 아이가 어떤 감기를 자주 앓았는지도 기억해두는 것이 필요합니다. 아이들의 체질을 제대로 알아두면 아이가 감기에 걸렸거나 감기와 유사한 다른 질환으로 고생한다 하더라도 질병에 대해 정확하고 빠르게 파악하는 것이 가능하고, 능동적으로 대처할 수 있습니다.

사실 감기는 자연치유가 가능한, 결코 무서운 병이 아닙니다. 대개 3~4일에서 일주일 정도 앓는 것이 보통이고 늦어도 2주 내에 치료가 되지만 아이의 감기가 장기간 지속된다면 다른 질환이나 합병증을 의심해볼 필요가 있습니다. 아이들은 감기가 오래 지속되면 쉽게 합병증을 앓을 수 있는데 그 중에서 가장 흔한 것이 중이염입니다.

중이염은 어린아이가 감기에 걸렸을 때 4명 중 1명꼴로 발병하는 것으로 알려져 있으며, 치료가 제때 이뤄지지 않을 경우엔 심각한 청력 장애를 일으킬 수도 있습니다. 실제로 이비인후과를 찾는 어린이 10명 중 한 명이 감기로 인한 난청 환자라는 통계도 있어 중이염의 피해는 매우 높은 편입니다. 따라서 감기를 앓다가 갑자기 열이 나거나 오래 지속된다면 중이염을 의심해야 하며, 고막 주위가 붉어지고 전신 불쾌감이나 청력 감퇴가 없는지 확인할 필요가 있습니다. 말을 하지 못하는 아기일 경우에는 몹시 보채고 아픈 귀를 수시로 만지거나 잡아당기고 비비는 행동을 하진 않는지 유심히 관찰해야 합니다.

두 번째로 감기의 대표적인 합병증은 폐렴입니다. 폐렴은 감기와는 달리 콧물이 없고 오한과 발열, 기침만 있습니다. 또 가슴이 아프고 식욕이 떨어져 잘 먹지 못하며 영아의 경우에는 별다른 증상은 없는데 자꾸 보채거나 잠만 자는 현상도 나타납니다. 폐렴은 초기에는 마른기침을 하다가 가래가 나오는 기침으로 발전하는 것이 가장 큰 특징입니다.

셋째, 알레르기성 호흡기 질환을 가지고 있는 아이가 감기를 앓거나 급성 모세기관지염을 앓았던 병력이 있을 경우 기관지천식에 걸릴 위험이 높습니다. 일 년 내내 기침을 달고 살거나 기관지가 약해서 몇 주일씩 기침을 하는 아이라면 기관지천식으로 인한 발작이 아닌지 체크해봐야 합니다.

넷째, 모세기관지염도 아기들이 많이 걸리는 합병증입니다. 호흡기 질환으로 아기의 숨소리가 거칠거나 심한 기침과 발열이 2주 이상 지속되면 모세기관지염이 아닌지 살펴보세요.

마지막으로 축농증은 특히 밤이나 새벽에 기침이 잦고, 발열과 구토를 병행하기도 합니다. 코가 자주 막히기도 하고 콧물이 누렇고 푸른 기를 띠는 것이 특징이며, 조기 치료가 이뤄지지 않으면 오래 고생할 수 있는 끈질긴 질병입니다.

요컨대 흔히 감기를 달고 사는 아이의 경우라면 진짜 감기를 앓고 있는 것인지 꼭 확인할 필요가 있습니다. 감기와 유사한 다른 질환일 수 있는데도 계속해서 아이에게 감기약만 먹인다면 오히려 병을 키우는 결과

를 초래합니다. 따라서 아이의 감기가 기존에 감기를 앓았던 기간보다 오래 간다거나, 평상시 너무 자주 감기에 걸린다면 단순한 감기로 여기지 말고 꼭 전문가와 상의하는 것이 좋습니다.

2
Tip

감기와 비슷한 증상을 보이는 질병들 ━ ━ ━ ━ ━ ━ ━ ━ ━ ━ ━

감기와 비슷한 증상을 보이는 기관지천식, 모세기관지염, 알레르기 비염, 만성 축농증, 기도이물 등이 있다. 특히 뇌수막염, 홍역, 백일해, 볼거리, 간염 등과 같은 질환은 초기에 감기 증세와 유사하게 시작되는 경우도 있으므로 주의 깊게 살펴봐야 한다. 감기는 안정만 취하면 자연적으로 치유되지만 감기가 아닌 다른 병일 경우에는 질병에 맞게 제대로 치료해야 한다. 따라서 부모가 감기처럼 혼동하기 쉬운 호흡기 질환에 대해 잘 알고 있어야 감기인지 아닌지 제대로 구별할 수 있다.

━ ━

2. 자연치유력으로 극복하는 감기

보통 감기는 치료약이 따로 없다고들 합니다. 하지만 체질과 요인을 분석해 바람직한 약만 투여한다면 치료 기간을 단축시킬 수 있고, 무엇보다 예방에 탁월한 효과를 볼 수 있습니다. 그러나 감기에 걸릴 때마다 병원을 찾는다는 것은 꽤 번거로운 일이지요. 그럴 때 우리는 땀을 내는 민간 요법으로 감기를 이기기 위해 노력합니다.

실제로 땀을 내는 발산의 원리는 초기 감기에 상당한 효과가 있습니다. 피부와 폐는 연결돼 있는 기능계이기 때문에 땀을 흘리면 피부의 기운을 소통시켜 주고 자연히 폐의 기운도 통하게 됩니다. 따라서 자연히 감기 기운도 빠져나가게 되니 감기에 땀을 내는 것만큼 좋은 것은 없습니다. 그리고 모든 질환과 마찬가지로 감기도 초기에 한방으로 치료하면 매우 탁월한 효과를 볼 수 있습니다. 하지만 이런 치료법은 차선책일 뿐 근본적인 것은 감기를 예방하는 것이겠지요.

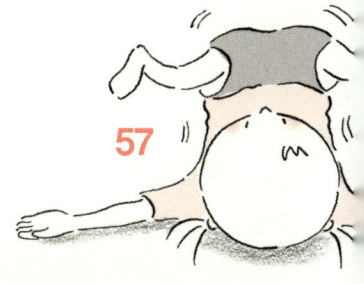

57

감기는 자주 걸리는 사람이 있는가 하면 그렇지 않은 사람도 있습니다. 이런 차이 역시 면역력의 문제이며 생활 습관과 밀접한 관련이 있습니다. 아이를 감기로부터 사전에 예방하기 위해서는 올바른 생활 습관을 길러 면역력을 높여주는 것이 매우 중요합니다.

우선, 감기를 예방하기 위해 평상시 아이가 햇빛과 좋은 공기를 많이 접할 수 있도록 도와줄 필요가 있습니다. 햇볕은 비타민 D 합성을 도와 뼈를 튼튼하게 해주고, 면역력을 높여주는 역할을 합니다. 때문에 아이가 맘껏 뛰어놀며 움직일 수 있는 야외 활동을 많이 하는 것이 좋습니다.

둘째, 맨손체조와 같이 규칙적인 운동을 자주 하고, 가급적이면 옷은 두껍지 않을 정도로 편안하고 쾌적한 정도로만 입힙니다. 여름에 덥다고 너무 얇게 입히거나 겨울에 춥다고 너무 두껍게 입히면 기후 변화에 대한 적응력이 떨어져 아이가 환절기만 되면 극심한 감기에 시달릴 수 있습니다. 체내외 온도 변화를 심하게 느끼지 않도록 하는 것이 중요하고, 잠잘 때도 옷을 가볍게 입히되 몸이 찬 기운에 직접적으로 노출되지 않도록 해주는 것이 좋습니다.

셋째, 감기는 전염성이 강하므로 유행성 감기나 독감이 성행하면 사람이 많은 장소는 가급적 피하는 게 좋습니다. 바깥출입을 하더라도 집에 돌아오면 어른과 아이 모두 반드시 손발을 잘 씻고 양치질을 해야 감기를 사전에 예방할 수 있습니다.

넷째, 감기에 잘 걸리는 아이들은 속열이 많고 찬 기운에 약하기 때문에 찬 음식과 인스턴트 음식을 피하도록 지도해야 합니다. 그리고 아침에 일어나서 마시는 물과 잠자리 전 마시는 물은 상온에서 5분 정도 두거나 미지근한 물로 마실 수 있도록 배려하는 것이 좋습니다. 무엇보다 감기는 충분한 휴식과 수분 섭취가 필수적이며, 적정한 온도(20~22℃)와 습도(40~60%)를 유지해줘야 합니다. 아이들이 귤, 파인애플, 딸기 등에 들어 있는 비타민 C를 많이 섭취해 몸의 기능을 강화해줘야 합니다.

이 같은 방식을 평상시 습관처럼 체득하게 된다면 체질적으로 강한 아이로 키울 수 있고, 감기뿐 아니라 어떤 질병이 와도 이에 대한 면역력을 높일 수 있어서 일석이조의 효과를 누릴 수 있습니다.

아이가 감기에 걸렸을 때는 아이 스스로 편한 마음 상태로 병을 이길 수 있도록 쾌적한 환경을 조성해주고 몸의 기운을 북돋아주는 것이 부모의 역할이자 큰 보살핌이라 할 수 있습니다. 아이가 감기에 걸릴 때마다 매번 항생제나 해열제 등을 먹이거나 걸핏하면 병원으로 향하는 부모의 마음은 아이의 아픈 몸을 빨리 치유해주려는 것이겠지만 그런 행동은 오히려 아이 스스로 나을 수 있는 기회를 빼앗는 것이며, 아이의 저항력을 떨어뜨리는 결과를 가져옵니다. 아이는 감기와 싸워 이겨내는 과정을 겪어야 질병에 대한 저항력이 생기고 더욱 건강한 아이로 자라날 수 있습니다. 그래서 엄마는 아이가 감기에 걸리면 한방 치료 또는 자연요법으로 아이의 면역력을 높이고, 질병으로부터 이겨낼 수 있도록 도와주는 것이 가장 현명한 육아 건강법이라 할 수 있습니다.

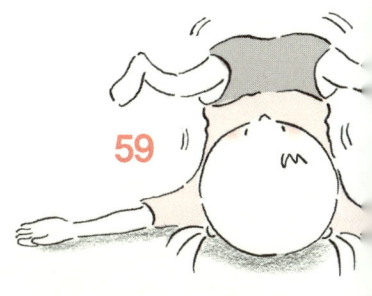

감기의 증상별 민간 요법

●● 열감기

생강만큼 해열에 효과적인 것은 없습니다. 생강은 가래를 없애고 구토를 멈추게 하며 열을 내리는 역할이 탁월해 한방에서도 자주 쓰이는 재료입니다. 때문에 생강으로 죽을 쒀 아이에게 먹이거나 환절기나 겨울철에 생강차를 마시면 감기를 예방하는 데 좋습니다. 단, 아이가 너무 어리거나 땀이 많고, 출혈·복통이 있는 아이에게는 삼가야 합니다.

열감기로 인한 탈수를 방지하고 열을 내리기 위해 보리와 결명자를 1:1의 비율로 끓인 물을 수시로 먹이는 것도 좋습니다. 보리와 결명자는 둘 다 찬 성질을 가지고 있어서 열을 내리는 데 효과적이며, 평소 아이들의 감기를 예방하는 데도 좋습니다. 때에 따라서 열이 높은 아이는 찬물이 아닌 미지근한 물로 전신을 닦아내 열이 더 이상 오르지 못하도록 살펴주어야 합니다.

●● 목감기

목감기가 왔을 때는 아이의 목이 많이 붓고 통증을 호소하며, 목소리가 변하기도 해 목이 아픈 부위에 발열이 나기도 합니다. 이럴 때는 무와 꿀을 섞은 차로 목이 아픈 증상을 가라앉히도록 해주세요.

무를 껍질과 함께 1cm 정도로 썰어 그릇에 담고, 무가 잠길 만큼 꿀을 넣은 후 밀봉해 그늘지고 서늘한 곳에 2~3일 정도 보관합니다. 그런 후에 무의 수분이 빠져나온 진액이 만들어지면 이 진액을 아이에게 그대로 먹이거나 차처럼 마시면 좋습니다.

다른 방법으로 매실을 설탕에 재었다가 우러나온 물을 마시면 피로를 회복시켜 줄 뿐 아니라 목감기에도 매우 좋고, 모과 역시 평소 차로 만들어 수시로 마시면 목감기의 치료와 예방에 뛰어난 효과가 있습니다.

●● 콧물 또는 코감기

콧물은 처음에 맑은 콧물에서 시작해서 차츰 누런 콧물로 발전하게 됩니다. 그리고 콧물을 오래 방치하면 비염이나 축농증이 되기 쉬우므로 초기에 다스리는 것이 좋습니다.

초기 콧물감기에는 파뿌리 3개, 차조기 잎(소엽, 10g), 박하(5g), 목련 꽃봉오리 한 개를 1ℓ의 물에 달여 하루 두 번씩 먹이도록 합니다. 이는 감기 초기에 매우 효과가 좋고, 감초와 대추차는 감기와 각종 염증을 가라앉히는 데 효과적입니다. 게다가 감기로 잔뜩 부운 코를 편안하게 해주고 안정을 되찾아주며 막힌 코도 뚫리게 하니 자주 마시는 것이 좋습니다.

●● 기침감기

기침감기로 고생하고 있는 아이의 방 안은 습기를 충분히 확보해주는 것이 좋습니다. 가습기나 젖은 수건을 널어 방 안의 습기를 조절해주고, 목과 가슴 부위를 타월로 감싸 보온에 신경 써주세요.

기침에는 잣죽이나 호두죽을 아이에게 먹여 기침을 잠재우는 것이 좋습니다. 잣과 호두는 면역력을 강화해주고 기침에 효과가 있어 천식을 앓는 아이에게 먹여도 효과를 볼 수 있습니다. 살구씨나 도라지 달인 물을 먹이는 것도 기침 치료나 예방에 효험을 볼 수 있습니다.

●● 일반 감기나 독감의 초기

어떤 감기라도 초기에 치료하는 것이 가장 효과적입니다. 기온 변화가 심한 곳에 있었거나 찬바람 혹은 공기가 탁한 곳에 장시간 노출한 후, 많이 뛰어 놀아 지친 후, 긴 시간 여행을 디녀왔기니 소풍 등 야외활동을 한 후, 여러 공공장소에 다녀온 후 등에 힘이 없고 누워 있으려고 한다던지 칭얼대거나 자지 않던 낮잠을 잔다면 초기 감기인지 먼저 의심해보세요.

초기 감기에는 가을 보리를 껍질째 볶은 것(20g), 인동덩굴 볶은 것(12g), 생밤 껍질째 썬 것(9개), 생강(1뿌리)를 잘게 썰어 달여서 차처럼 마시면 금방 회복이 된다. 여기에 메밀 껍질째 볶은 것(8g), 파뿌리(흰부분으로 수염 포함, 4개)를 더하거나, 소화불량이 있으면 아가위(산사), 약누룩(신곡)을 더하기도 합니다.

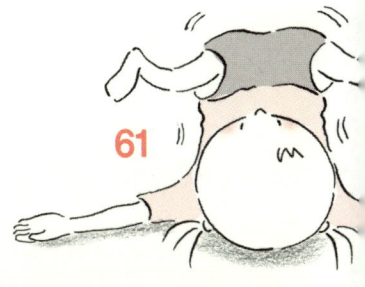

61

2.

초기부터 잡아야 하는
인두, 편도염

인두염과 편도염은 우리가 흔히 목감기라고 생각하는 병이지만 감기와는 또 다른 차이가 있습니다. 감기는 바이러스가 원인이 되는 질병이지만 인두염과 편도염은 연쇄상구균과 같은 세균에 의해 감염되는 경우가 더 많습니다.

연쇄상구균에 의한 인두염과 편도염은 흔한 질환입니다. 인두염은 흡연과 음주를 하는 성인이 주로 많이 걸리는 반면 편도염은 편도가 성인보다 큰 어린이들이 더 잘 걸립니다. 편도라는 것은 입과 코의 뒷부분을 후두와 식도로 연결해주는 깔때기 모양의 근육 기관으로 아이들이 태어날 때는 크기가 크지만 나이가 들면서 점점 작아집니다. 때문에 자연적으로 편도의 크기가 큰 아이들이 염증에 걸릴 확률이 높아 성인보다 편도염에 잘 걸리게 되는 것입니다. 인두염과 편도염이 흔하다고 해서 제대로 치료받지 않으면 평상시에는 멀쩡하다가도 나중에는 심장과 신장(콩팥)에 심각한 합병증을 일으키기도 합니다.

아이가 처음으로 인두염이나 편도염에 걸리면 몸에 열이 나면서 목이 아프기 시작합니다. 목에 생긴 염증으로 음식물을 삼킬 때 통증이 심해지고, 인후통이 지속되면 점점 악화돼 침을 삼킬 수도 없을뿐더러 귀까지 아프게 됩니다. 식욕이 없어지고 점점 목 림프선이 붓기 시작하면서 압통이 생기기도 합니다. 이러한 증상들은 처음부터 한꺼번에 나타나는 게 아니라 12시간에 걸쳐서 점진적으로 악화되기 시작하며 목에 이물질이 낀 것처럼 느껴지고 발열이 심해질 수 있습니다. 드물게는 몇 주 후에 신장 속의 신우에 염증이 생겨 '급성 신우신염'을 일으킬 수 있습니다. 신우는 신장에서 나온 오줌을 잠시 저장해두는 곳인데 이곳에 염증이 생기면 요통이 생기고 우리가 흔히 말하는 '신장염'이 이렇게 해서 발병할 수도 있습니다.

이처럼 아이가 복합적인 질환을 보이게 되면 치료가 복잡해지고 힘들어질 뿐만 아니라 증상이 심각해지면 인두와 편도가 부어 숨쉬기조차 곤란해집니다. 한의학에서는 인두염과 편도선염처럼 목에 염증이 생기고 부어오르고 아픈 것을 '후비(喉痺)'의 범주에 넣는 학자도 있지만 서

양의학의 디프테리아에 속하는 후비는 하늘의 기운인 '천기'가 막혀 빨리 치료하지 않으면 숨을 제대로 쉬지 못하고 죽을 수도 있다고 보았습니다. 『영추』에는 '목구멍에 헐은 데가 생긴 것을 맹저(猛疽)라 하는데 빨리 치료하지 않으면 목구멍이 막혀 숨이 잘 통하지 못하게 된다. 숨이 잘 통하지 못하면 한나절도 채 되지 않아 죽는다.'고 쓰여 있습니다. 따라서 인두염과 편도염의 특징을 잘 파악해 아이가 초기 증상을 보일 때 빠른 시일 내에 적절한 치료를 시작하는 것이 바람직합니다.

Tip

인후통을 줄이는 자가 치료법 – – – – – – – – – – – – – – –

인두염과 편도염으로 생긴 인후통은 간단한 자가 치료법으로 통증을 완화할 수 있다. 오배자(붉나무 모기집)와 백반을 같은 분량으로 묽게 달여 하루에 3~5회 정도 면봉으로 발라주거나 큰 아이의 경우에는 가글을 하고 뱉게 한다. 초기 인두염과 편도선염은 이런 방법으로 염증을 다스리면 며칠 후에는 대부분 저절로 낫기도 한다. 하지만 이틀 동안 통증이 지속되고, 점점 숨쉬기 불편하고 음식을 삼킬 수 없게 되면 빨리 전문가를 찾아 치료를 받아야 한다.

– –

1. 공기 오염이 인두염의 주범

이미 앞에서 거론했듯이 인두는 코와 목이 연결돼 있는 부위입니다. 여기에 바이러스나 세균이 붙어 염증이 생기면 바로 인두염이 발병하는 것입니다. 인두염은 콧물, 코막힘, 기침, 가래 등을 동반하는 호흡기 질환으로 증세가 목감기와 유사해 종종 오해를 받습니다. 하지만 인두염은 목감기보다 기침이 일주일 이상 오래가는 것이 특징입니다. 오래가는 기침감기를 소홀히 생각하지 말고 인두염을 의심해볼 필요가 있습니다.

한의학에서 인두염은 목의 인후병을 이르는 풍열후비(風熱喉痺), 허화후비(虛火喉痺) 등으로 분류합니다. 평소 면역력이 약하고 주로 호흡기에 만성 염증을 일으키는 폐허증[2]과 폐열증[3]으로 분류되는 환자들의 경우에 인두염이 발생할 확률이 높습니다. 그나마 폐열증(패혈증과는 전혀 다른 증상) 환자인 경우에는 며칠 지나면 스스로 자연치유가 되는 경우가 많지만 폐허증 환자일 경우에는 쉽게 낫지 않고 오랫동안 기침을 앓아 고통을 호소하기도 합니다. 이런 폐허증 환자는 환절기에 기침이 재발하고 염증도 자주 생기므로 세심한 관리가 필요합니다.

인두염은 면역력이 약한 사람 외에도 요즈음은 누구나 걸릴 수 있는 질환입니다. 이유는 인두에 감염을 일으키는 바이러스들이 매우 많기 때문입니다. 이미 발견된 바이러스 종만 해도 150여 종에 달하고 갑자기 생기는 급성 인두염도 날로 증가하는 추세여서 대처하기가 매우 어려운 실정입니다. 이렇게 인두염 발생률이 증가하고 바이러스가 급증한 데는 날로 심해지는 공해를 원인으로 들지 않을 수 없습니다. 실제로 공해 자체로는 급성 인두염을 일으키지 않지만 공해 속에 섞여 있는 각종 유해

[2] 폐의 기능이 너무 약한 증상.

[3] 폐나 기관지에 찬바람이 스며들어 열이 생기면서 일어나는 병.

물질들이 호흡기로 들어가면서 인두에 달라붙게 됩니다. 이로 인해 호흡기 기능은 점점 약해지고 염증이 생겨 인두염에 감염되기 쉬운 환경을 만들게 되는 것입니다.

게다가 일교차가 심한 환절기 때는 신체 내부 온도가 안정적이지 못해 호흡기가 약해지고, 면역력이 떨어지며, 봄이면 날아오는 꽃가루 같은 이물질이 호흡기로 들어가 염증을 일으키기도 합니다. 또 비흡연자이거나 아이들도 담배처럼 호흡기를 자극하는 기호 식품의 간접 영향 때문에 만성적으로 인두염을 앓기도 하고, 급성 인두염과 알레르기성 인두염이 생기기도 합니다.

인두염에 걸리면 먼저 식욕이 현저하게 줄어들고 인두부터 아프기 시작합니다. 콧물감기 증세도 보이고, 목이 쉬기 시작하며, 심할 경우에는 피가 섞인 가래와 비염, 호흡 곤란을 동반하기도 합니다. 인두염은 편도염에 비해 아이들이 걸릴 확률이 적지만 두 돌이 지난 아기의 경우 종종 세균성 인두염이 나타나기도 합니다. 그렇기 때문에 일단 인두염에 걸리면 아이들은 기침감기를 비롯해 두통과 복통, 구토 증세를 보이며 40℃에 달하는 고열이 나 부모들을 크게 당황하게 만듭니다. 뿐만 아니라 목에서 시작한 통증이 온몸으로 퍼집니다. 이때 아이의 목구멍을 자세히 살펴보면 인두와 편도가 부어 있고 붉게 충혈돼 있는 것을 육안으로 확인할 수 있습니다. 하지만 이와 같은 증상이 아이들에게 모두 똑같이 나타나는 것은 아니고 환자의 상태나 질병의 진행 과정에 따라 조금씩 차이가 납니다. 또 편도염이나 인두 주위에 발생하는 기타 질환에서도 공통적으로 나타나는 증상이므로 확실하게 인두염이라고 단정할 수 있는 것도 아닙니다. 따라서 다른 부위의 신체 변화나 그 이외의 별다른 증상이 없는지 전반적으로 확인할 필요가 있습니다. 그리고 만성적인 인두염은 감기나 편도염 때문에 재발하는 경우가 잦기 때문에 확실한 진찰 후에 치료를 받는 것이 중요합니다.

2. 올바른 섭생으로 사전 예방하는 인두염

한의학에서는 폐경유열과 음허화왕과 같은 병적인 열에 의해 인두염이 발생하는 것으로 보고 있습니다. 따라서 원인에 따라 열을 식히고 정기가 허한 곳을 보충해줘서 신체 균형을 다시 잡아주게 됩니다. 평소 아이의 폐가 허해 인두염 감염이 쉽다면 폐의 기능을 강화해주고, 폐에 열이 고인 환자의 경우에는 열을 내리고 면역력을 키워주게 됩니다.

그리고 인두염에 걸린 아이를 위해 가정에서도 각별한 주의를 필요로 합니다. 인두염에 걸린 아이 곁에서 절대 흡연을 삼가야 합니다. 인두염은 간접흡연 또한 예민하게 반응하기 때문에 호흡기 질환의 아이가 있을 때는 절대로 흡연 환경에 노출돼서는 안 됩니다.

둘째, 실내 습도를 조절해서 실내 건조를 막아야 합니다. 체온도 따뜻

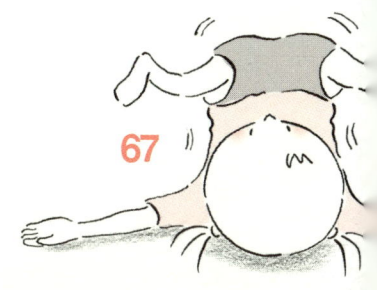

하게 유지해 내부와의 온도 차를 줄이도록 해주세요.

셋째, 목의 통증이 심하고 이미 목소리가 많이 쉰 경우에는 가능한 한 최대한 목소리를 사용하지 않는 것이 좋습니다. 성대를 통해 울리는 목소리는 진동으로 인두를 자극하기 때문에 더 많은 통증과 염증을 가속할 수 있습니다.

이러한 방법으로 집에서 관리하고 한방으로 근본적인 원인을 제거해야 만성 인두염으로 진행되지 않고 조기에 치료할 수 있습니다. 인두염은 조기 치료 시기를 놓치면 합병증이나 2차 감염으로 상기도감염이 발병할 수 있기 때문에 감염 초기에 적절한 치료를 통해 합병증이나 2차 감염이 생기지 않도록 주의를 기울여야 합니다.

또한 평소 생활 속에서 인두염을 예방하기 위한 관리가 필요합니다. 주로 환절기나 유행성 인플루엔자가 유행할 때는 아이의 외출을 삼가고, 부득이하게 아이와 외출을 하게 되는 경우에는 마스크를 착용하거나 사람이 많이 모인 장소는 되도록 피하는 게 좋습니다. 외출 후에는 반드시 손을 씻고 양치질을 하도록 지도해야 합니다. 스스로 몸을 움직일 수 없는 영아들의 경우에는 부모가 물수건으로 간단하게 손과 발을 닦아줍니다.

사실 모든 질병은 섭생만 올바르다면 사전에 예방할 수 있습니다. 충분한 휴식과 규칙적인 수면, 균형 있는 영양 섭취만 제대로 지켜진다면 아이의 질병을 이기는 데 가장 효과적입니다. 아이가 올바른 생활 습관을 가질 수 있도록 지도하고 노력하는 것이 선행돼야 하겠습니다.

3. 편도염은 면역력의 저하에서 온다

편도(선)는 목(인두) 주변에 있는 림프 조직의 일종인 작고 둥근 덩어리로 면역 기능에 관여하는 것으로 알려져 있습니다. 흔히 입을 열면 보이는 목젖 양쪽에 있는 작은 밤톨만한 둥근 덩어리를 편도라 하지만 이는 구개편도이고, 목젖 뒷부분의 보이지 않는 곳에 있는 인두편도 즉 '아데노이드'가 있습니다. 또한 혀에 위치한 설편도, 유스타기씨관의 구강 쪽 입구에 이관편도가 있습니다. 이처럼 편도(선)에는 구개편도, 인두편도, 설편도, 이관편도 등 네 가지가 있으며 이들이 마치 링(Ring) 구조처럼 뺑 둘러 있다고 해서 발데이어편도환(Waldeyer's Ring)이라고도 합니다.

이들 편도 중 가장 말썽을 잘 부리는 편도가 구개편도이고, 다음으로는 인두편도로 인두편도의 이상 비대를 아데노이드선양비대증이라고 하는데 약칭해서 그냥 '아데노이드'라고 합니다. 정상적으로는 이들 편도가 감기나 인후염 등을 막아주는 기능이 있으나 이런 질환이 자주 나타나면 편도가 비정상적으로 비대해져 문제를 일으키기도 합니다.

편도(선)가 바이러스나 세균에 의해 염증이 생기고 붓게 되는 것을 편도염이라고 합니다. 한의학에서는 편도염을 열기가 후두 양쪽으로 올라

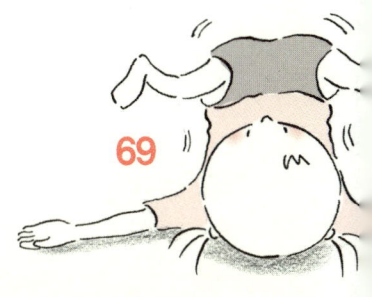

69

가 부딪쳐서 바깥쪽으로 붓는 것으로 인두염처럼 총체적으로 '유아증 (乳蛾症)'이라고도 합니다.

유아는 『동의보감』에서 쌍유아(雙乳蛾)와 단유아(單乳蛾)로 분류되는데 편도 양쪽이 모두 부어오른 것을 '쌍유아'라 하고 한 쪽만 부은 것은 '단유아'라 했으며, 쌍유아는 치료하기 쉬운 반면 단유아는 치료하기 어렵다고 했습니다. 급성 유아의 경우는 폐나 위에 열이 왕성해서 발병 하거나 바람이 원인인 풍사(風邪) 또는 열을 가진 사기가 원인인 열사(熱 邪)가 침범해 발생하는 것으로 봅니다. 만성인 경우는 주로 허증인 음허 내열(陰虛內熱)이 원인이 되는 수가 많습니다.

그리고 편도염의 특징은 주로 아이들이나 청년층에서 많이 발생하는 데 아이들의 편도가 성인보다 크고 면역력이 약하기 때문입니다. 원래 편도 특히 구개편도와 인두편도는 숨을 쉴 때 외부에서 들어오는 물질 을 1차적으로 방어하는 1차 방어선 역할을 하는 기관입니다. 그렇기 때 문에 코와 입을 통해 들어오는 바이러스나 세균의 감염률이 가장 높은 부위라 할 수 있습니다. 그래서 아이들이 쉽게 편도염에 감염되며, 증상 은 감기 증세와 함께 고열을 동반하는 경우가 많습니다. 편도가 빨갛게 붓고 하얗게 곱이 끼기도 하며 목 부위에 열이 나고 심한 통증을 느끼기 도 합니다. 심할 때는 물만 삼켜도 목이 아프고 음식물을 삼키기도 어렵 습니다.

특히 소아의 경우에는 밤뿐 아니라 낮잠을 잘 때도 베개가 흠뻑 젖을 정도로 땀을 많이 흘리고 복통을 호소하는 경우도 있습니다. 하지만 이는 아이의 면역력이 떨어져 나타나는 일시적인 증상으로 크게 걱정하지 않아도 되며 근본적인 치료에 집중하면 곧 사라집니다.

이와는 달리 반복적으로 감기에 의한 편도염을 앓는 아이의 경우라면 주의를 기울일 필요가 있습니다. 반복적인 편도염은 편도를 비정상적으로 크게 만들어서 여러 가지 문제를 일으키게 됩니다. 편도가 점점 커져 기도를 막을 수도 있고, 수시로 편도염을 앓게 되면 심한 통증 때문에 오한, 두통, 근육통까지 생기며 간혹 귀까지 아프게 됩니다. 증상이 심해지면 합병증으로 중이염을 유발하기도 합니다.

지속적인 편도 질환은 급격한 면역력 저하로 아이의 성장에도 많은 영향을 미치게 됩니다. 편도가 너무 커지면 입을 벌리고 자는 경우도 많아 더 자주 감기에 걸리며, 입 안이 건조해 입 냄새도 심해집니다. 입술도 갈라지고, 코를 고는 것도 심해지는 경우도 있으니 되도록 빨리 치료해야 합니다.

편도염에 자주 걸리면 편도선 수술을 해야 할까요?

편도선 수술은 편도선의 절제술을 뜻한다. 비대해진 편도선이 호흡에 장애가 되거나 편도선의 염증이 곪아터져서 고름이 잡힐 경우, 편도에 종양이 생겼을 때는 편도선 수술을 해야 한다. 하지만 특별한 경우를 제외하고는 웬만해선 편도선 수술을 권하지 않는다. 물론 편도선을 떼어낸다고 해서 인체에 큰 지장이 있는 건 아니지만 오히려 면역 체계에 손상을 줘 더 자주 호흡기 감염이 될 수 있다. 한방으로도 얼마든지 증세가 호전될 수 있으니 가급적이면 수술하지 않는 게 좋다.

간혹 편도선 수술을 하면 감기에 걸리지 않는 것으로 알고 있지만 이는 잘못 알려진 상식이다. 편도선을 제거하면 편도선이 없으니까 편도염에는 걸리지 않겠지만 실제로 감기에 걸리는 것과는 크게 차이가 없다. 편도를 절제하지 않는 것이 바람직하지만 부득이 절제했다면 그 후속 조치로 반드시 면역력을 강화해야 한다.

4. 편도염 예방과 치료

『동의보감』에서는 "인통(咽痛, 목구멍이 아픔)은 풍사(風邪)가 후간(喉間) 사이에 객(客)으로 침범하여 기울(氣鬱, 기가 몰림)이 되어 열(熱)한 고로, 인통(咽痛)이 생긴다."고 했습니다. 편도염은 화기가 치밀어 올라와 목구멍을 막아 생긴 병으로 호흡기 통로가 막혀 숨을 쉬기 어렵고 말소리도 나지 않을 뿐 아니라 물도 마시지 못하므로 위급한 질병이라고 지적하고 있습니다.

편도염을 급성과 만성으로 나눠 치료하며, 급성은 주로 열이 올라 생기는 증상이 많으므로 한의학에서는 폐와 위의 열을 내려주고 염증을 가라앉히는 청열자윤(淸熱滋潤)과 보기혈(補氣血) 요법 위주로 처방합니다.

만성은 몸이 허약하여 급성이 만성으로 바뀌거나 면역력이 현저히 떨어진 사람에게 잘 나타나므로 허약한 부분의 정기를 길러 나쁜 기운인 객(客)을 몰아내는 치료를 하고 있습니다. 만성 편도염은 편도가 약간 부어 있고 증상이 심해졌다 가벼워졌다를 반복하는데 이럴 경우에는 음을 보해서 열을 내려주고, 염증을 가라앉히는 처방을 쓰고 있습니다.

또 편도염이 있을 때 도움이 되는 식품으로는 매실을 활용하면 좋습니다. 매실에 들어 있는 유기산은 해독 작용과 강한 살균력을 가지고 있어 염증을 가라앉히는 데 효과적입니다. 매실차에 소금을 녹인 것으로 양치질을 하거나 매실 진액을 묽게 타서 흑설탕을 조금 넣고 천천히 마시면 좋은 효과를 기대할 수 있습니다.

그 외 다른 방법으로는 도라지 20g과 감초 20g을 섞어서 달인 후 하루에 두세 번 정도 나눠 환자에게 먹이는 것도 좋고, 파의 흰 밑동 부분을 서너 대 정도 잘게 썬 후에 참기름을 두세 숟가락 정도 넣고 하루 두세 번씩 끓여 먹이는 것도 좋습니다.

그리고 치자액으로 계속 양치질을 하는 것도 편도염으로 인한 염증을 가라앉히는 데 도움이 됩니다. 그늘에서 말린 치자 20개 정도를 주전자에 넣고 물을 가득 부은 뒤 한 시간 정도 끓여 짙은 색이 우러나오면 불을 끕니다. 그런 후에 끓인 치자액을 식혀서 병에 담아 냉장 보관해두고

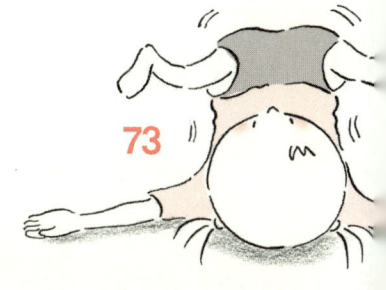

지속적으로 양치질을 합니다.

특히 편도염에 잘 걸리는 아이들은 일교차가 클 때 옷을 따뜻하게 입히고, 추운 계절이나 아침저녁으로 외출할 때는 반드시 목을 따뜻하게 감쌀 수 있는 목도리를 해주는 것이 좋습니다. 실내는 건조해지지 않도록 항상 가습기로 촉촉한 환경을 조성해 편도염을 미리 예방해야 합니다.

편도염이 있을 때에는 감기에 걸렸을 때와 마찬가지로 안정을 취하게 하고, 열이 오르지 않도록 물수건을 해주며 수분을 충분히 공급해주는 것이 좋은 치료법이라 할 수 있습니다. 위와 같은 방법으로 아이의 편도염을 조기에 잡아 아이가 더 고통받지 않고 2차 감염으로 인한 합병증이 유발되지 않도록 신경 써주세요.

편도염에 좋은 열매들 ▪ ▬ ▬ ▬ ▬ ▬ ▬ ▬ ▬ ▬ ▬ ▬

- **석류** : 석류 1개를 500~600g의 물을 붓고 달인 후에 그 액을 식혀 자주 목을 헹군다.
- **유자** : 유자를 질그릇에 담아 뚜껑을 덮고 약한 불에 연기가 나지 않을 때까지 구운 뒤 식혀서 가루로 만든다. 만들어진 가루를 하루 2~6g씩 먹도록 한다.
- **자두** : 자두 열매를 소금에 절인 후 유자와 같이 구운 다음 가루를 만든다. 이렇게 만들어진 가루를 스포이드로 목구멍에 뿌려준다. 또는 자두 열매를 찜으로 해서 먹어도 좋다.
- **수박** : 수박뿌리를 으깨어 초를 조금 뿌린 후에 잘 개어 아픈 목에 발라준다. 찬 기운이 돌아 목의 열을 내리게 해준다.

3.
재발률이 높은
만성 기침, 천식

한의학에서 '효천(哮喘)'이라 부르는 천식은 여러 가지 다양한 자극에 대해 기관지 반응이 증가해서 나타나는 기도 질환입니다. 효천의 발생은 한랭을 만나거나, 급격한 심리 변화, 체질적인 소인, 감염, 과민성 반응, 폐의 호흡 기능 장애로 갑자기 나타나게 되는데 알레르기를 일으키는 어떤 물질이나 감기, 호흡기 감염 및 기타 자극 등에 대해 기관지의 기도내벽 근육들이 선천적이거나 후천적으로 과민하게 반응하여 발생하게 됩니다.

이와 같은 자극 물질이 천식 환자들에게 유입되면 기도가 좁아져 기도

내면에 염증이 생긴다. 기도가 부으며, 때때로 끈적거리는 점액이나 담이 쌓여 기도를 더욱 좁게 만들어 호흡 곤란을 일으키게 됩니다. 숨을 쉴 때마다 거칠며 쌕쌕거리는 소리가 나는 것이 천식 환자의 특징이라 할 수 있습니다.

주로 천식은 어른에 비해 아이들이 걸릴 확률이 매우 높습니다. 왜냐하면 아이들은 어른들에 비해 기관지가 쉽게 좁아지기 때문이며 유전적으로 부모의 과민성을 이어받아 타고나는 경향이 높기 때문입니다. 부모나 가족 중에 천식을 가진 사람이 있거나 혹은 알레르기 질환을 가진 사람이 있다면 아이는 그만큼 천식에 걸릴 확률이 높다고 할 수 있습니다.

현재까지 알려진 바에 의하면 부모 중 한 쪽이 천식일 때 그 자녀가 천식에 걸릴 가능성은 25%, 양쪽 모두 천식인 경우에는 50%라고 합니다. 또한 천식 환자들 중 80% 정도는 만성 비염을 함께 가지고 있는 것으로 드러나 알레르기 질환도 결코 무시할 수 없는 천식 발병률을 보이고 있습니다. 게다가 환경오염과 식생활과 생활환경의 변화 등 외부 환경 변화도 천식과 같은 호흡기나 기관지 질환의 질병을 악화하는 요인이기도 합니다. 산모가 모유 대신 먹이는 우유도 어린이 천식을 증가시키는 요인으로 꼽을 수 있습니다.

소아 천식 환자의 80~90% 정도는 4~5세 이전에 증상이 나타나며, 30%는 돌이 되기 전에 천식 증상을 보이기도 합니다. 이때 이미 쌕쌕거리는 '천명음'이 나타난다면 심한 천식으로 발전할 확률이 매우 높습니다.

어릴 때 천식 증상을 보인 아이들의 20% 정도는 6세 또는 12세 전후에 자연 치유되고, 절반가량은 사춘기에 접어들면서 자연스럽게 천식이 없어지기도 합니다. 하지만 나머지 절반은 성인이 되어도 낫지 않고 평생 천식을 앓기도 합니다. 아이들의 천식은 짧은 기간에 간단하게 완치되지 않고 반복적으로 번번이 괴로움을 준다는 데 그 심각성이 있습니다.

특히 어린이 천식은 아이가 아직 정신적, 육체적으로 성숙하지 못한 상태에서 발병하기 때문에 오장육부가 모두 연약한 상태이므로 증상이 급박하게 변하거나 다양한 합병증을 유발할 가능성이 매우 높다고 할 수 있습니다. 그리고 병이 오래되면 정상적인 발육은 물론이거니와 학습에도 크게 지장을 주게 되며, 신체의 부조화로 면역력도 현저히 떨어지게 됩니다. 따라서 어린이 천식은 빠른 시일 내에 세심한 주의를 기울여 치료해주지 않으면 안 됩니다.

천식과 흡사한 모세기관지염

어린아이들의 질환 중에는 천식과 증상이 비슷한 것들이 많다. 대표적인 것이 모세기관지염, 천식성 기관지염, 만성 기관지염, 일반적인 감기, 기도 내 이물, 후두 또는 기관연화증, 폐렴, 백일해 등이다. 특히 문제가 되는 것이 모세기관지염이다.
모세기관지염은 기관지에 바이러스가 침입해 염증이 생기는 것으로 증상이 천식과 흡사하지만 약간의 차이가 있다. 천식은 2~5세 정도에 많이 나타나는 반면 모세기관지염은 2세 미만의 아기들에게 많으며 6개월 전후에 나타는 경우가 많다. 그리고 천식은 쌕쌕거리는 천명음이 갑자기 나타나고, 모세기관지염은

천천히 나타나며, 대부분 감기 증상을 동반한다는 데서 약간의 차이를 발견할 수 있다. 모세기관지염을 앓으면 천명음을 나타낸 환자 중 30% 정도는 천식으로 발전하며, 모세기관지염은 여러 번 재발되는 질환이 아니기 때문에 3회 이상 모세기관지염을 앓게 되면 천식을 의심해봐야 한다.

1. 천식과 모세기관지염을 구분하자

천식의 한자를 직역하면, 헐떡거릴 또는 호흡 천(喘), 숨쉬다 또는 호흡할 식(息)으로써 '헐떡거리며 쉬는 숨결, 또는 호흡'을 말합니다. 때문에 천식은 공기가 통하는 통로인 기도에 만성적으로 염증이 생겨서 기도 벽이 붓고, 기도 점막에서 분비되는 분비물로 기도가 좁아지며 대기 중에 있는 자극 물질에 반응해 기관지가 수축하며, 호흡 곤란과 기침, 가랑가랑 거리거나 쌕쌕거리는 소리가 가슴에서 나는 천명 증상이 특징입니다. 천식의 전형적인 증상이 나타나는 경우는 7~11% 정도이며, 상당수에서는 천명이나 호흡곤란 등의 기관지폐쇄 증상 없이 만성적인 기침만이 주요 증상으로 나타납니다. 이를 기침형 천식이라고 하는데 3주 이상 만성 기침 환자의 30~40%를 차지합니다. 기침형 천식의 특징은 주로 밤중에 일어나는 마른기침, 운동, 찬공기, 감기 또는 여러가지 자극성 원인에 의해 악화되기도 합니다.

　대개 천식은 발작적으로 일어납니다. 천식이 지속적으로 기침을 유발하는 이유는 기도에 쌓인 점액과 이물질을 배출하기 위해서지만 탈수 현상으로 분비물이 끈끈해져 마른기침을 하기 때문입니다. 갑자기 천식이 발작할 때는 폐 속의 공기가 배출되지 못하고 갇혀 있기 때문에 호흡이 더욱 힘들어 "쌕쌕" 거리는 천명음을 내는 것입니다. 호흡운동을 일으키는 횡격막이 공기로 인해 아래로 처져 있어 아이들이 호흡 곤란과 기침으로 횡격막과 배의 근육을 격렬하게 사용하다 보면 복통과 구토를 함께 일으키기도 합니다. 때문에 아이의 천식은 어른보다 증세가 심하고 까다로울 수 있습니다.

흔히 천식을 '기관지 천식' 또는 '알레르기 천식' 이라고 부르기도 합니다. 엄밀히 말해 이 두 가지는 서로 다른 의미를 가지고 있습니다. 기관지 천식의 대부분이 알레르기 천식이기는 하지만 알레르기 천식은 그저 기관지 천식의 한 부류일 뿐 모든 천식이 알레르기 천식은 아닙니다. 기관지 천식은 알레르기 천식의 상위 개념이라고 생각하면 이해가 쉬울 것입니다.

기관지 천식은 크게 '외인성 천식' 과 '내인성 천식' 으로 나눌 수 있습니다. 외인성 천식은 알레르기 천식을 말하며 내인성 천식은 감기 등 호흡기의 감염, 운동, 정서적인 불안, 기후나 습도의 변화, 담배 연기, 페인트 등에 의해서 일어나는 천식을 말합니다.

외인성 천식은 알레르기 체질을 가진 사람에게서 나타납니다. 알레르기 체질을 가진 사람이 호흡을 하는 과정에서 알레르기 반응을 보이는

항원이 기관지로 들어오게 되면 과민 반응을 일으켜 천식 증상을 보이게 됩니다. 가령 천식 증상을 일으키는 물질이 가령 집먼지 진드기나 바퀴벌레, 꽃가루, 동물의 털, 곰팡이 등 무수히 많은 항원들 중에서 본인이 반응하는 한 가지가 흡입되면 즉시 천식 발작이 시작되는 것입니다. 때문에 알레르기 천식 환자의 경우에는 세심하고 각별한 보호와 관리가 누구보다 절실한 셈입니다.

천식을 일으키는 알레르기의 원인은 무척 많습니다. 그 중에서 60~70% 정도의 알레르기 천식 환자는 집먼지 진드기에 반응하는 것으로 드러났습니다. 하지만 모든 알레르기 천식 환자에게 분명한 원인이 되는 물질, 즉 항원을 알아내는 것은 아닙니다. 알레르기의 항원들은 이미 드러난 것 외에 자신의 체질에 따라 엉뚱한 것에 반응하는 경우도 있고, 복합적으로 반응하는 경우도 많습니다. 따라서 청소년 알레르기 천식 환자일 경우에는 스스로 조심해야 하고, 미성숙한 유아나 어린아이일 경우에는 부모들이 원인이 될 수 있는 모든 것을 경계할 필요가 있습니다.

실제로 환자를 치료하다 보면 내인성 천식이냐 외인성 천식이냐 하는 구분이 무의미한 경우도 많습니다. 외인성 천식과 내인성 천식이 복합적으로 작용해 천식 발작을 일으키는 환자도 부지기수입니다. 외인성으로 분류돼 알레르기 천식을 앓고 있는 환자들도 운동이나 기후, 정서적 불안, 호흡기 감염에 의해 천식 발작이 일어나거나 심해지는 것을 흔히 볼 수 있습니다.

특히 생활 속에서 정서적으로 불안 요소가 있을 때 천식이 악화되는 아이들도 자주 볼 수 있습니다. 욕구 불만이나 부모의 무관심 혹은 부모의 잦은 싸움으로 스트레스를 받고, 학교나 또래 집단에서 왕따를 당하는 등의 스트레스는 아이들의 천식에 크게 악영향을 미칩니다. 그밖에도 위식도의 역류, 내분비성 요인 등 신체의 다른 이상이 있을 때도 천식은 악화될 수 있습니다.

따라서 아이가 천식을 일으킬 때는 부모의 눈에 보이지 않는 부분이나 아이가 신체적·정신적으로 어떤 변화를 겪고 있는지를 잘 알고 있어야 합니다. 그래야 아이의 천식 원인을 제대로 파악하고 그에 맞게 능동적으로 대처할 수 있습니다.

한방에서 바라보는 천식의 원인

『동의보감』에서 천식의 분류는 원인에 따라 풍한천, 담천, 기천, 화천, 수천, 위허천, 음허천, 구천 등 모두 여덟 가지로 나누고 있습니다.

첫째, '풍한천증'은 찬바람 또는 찬 기운이 폐를 침범하여 천식을 일으키는 경우로 감기가 제대로 낫지 않아 오는 수가 많습니다. 따라서 감기와 같이 기침과 재채기, 가래, 두통, 발열 등의 증상을 보이고 코 막힘이 심하며 맑은 콧물을 흘리는 경우가 많습니다. 특히 찬바람을 쐬면 증상은 더욱 심해집니다.

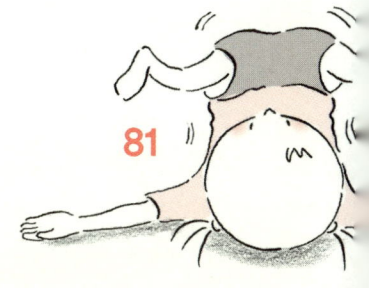

두 번째, '담천증'은 가슴에 담이 뭉쳐서 천식을 일으키는 것으로 폐가 실하거나 열이 많아 생기게 됩니다. 이런 천식 환자들은 가래가 많이 껴서 기침할 때 목에서 가래 끓는 소리가 나며 자주 가슴이 답답한 증상을 보입니다.

세 번째로 '기천증'은 주로 신경이 예민한 사람이 정신적인 충격이나 스트레스로 증상이 심해져서 나타나는 것으로 천명 없이 호흡 곤란만 생기는 경우가 많습니다. 『동의보감』에서도 "놀라고 걱정하며 기가 막히면 생기고, 깜짝 놀라기도 하고 답답하고 숨을 들이킬 때 코를 벌렁거리고, 호흡 곤란이 있으나 가래 소리는 없다."고 설명하고 있습니다.

네 번째, '위허천증'은 위장이 허한 것이 심해서 기가 위로 올라가 폐를 침범해 천식을 유발하는 경우를 말합니다. 복통이 있으며 평상시에도 늘 기운이 없고 피곤하며, 밥을 적게 먹고 설사를 자주하는 경우가 많습니다. 천식 증상이 있으면 가슴이 답답하고 몸에 열도 있으며 가래를 다량으로 토하는 수도 있습니다. 또한 소화 불량이나 식욕 부진 등으로 몸이 야위기도 합니다. 따라서 위허천증은 위장의 기를 증강시켜 천식의 기운을 잠재우는 것이 좋습니다.

다섯 번째, '음허천증'이 있습니다. 음이나 혈이 부족해서 화가 위로 떠서 발생하는 경우로 식은땀이 나며 미열로 양쪽 뺨에 홍조를 띠기도 합니다. 식욕이 없고 피로하며 의욕이 떨어져 학습 효과도 부진합니다. 음허천증은 진음을 보강해 정혈(맑은 피)을 더해주고 심화(울화)를 끄는 치료를 하는 것이 근본 치료입니다.

여섯 번째로 '화천증'은 화가 위로 올라가서 폐와 위에 영향을 끼쳐 일어나는 천식 증상입니다. 이런 환자들은 노랗고 끈끈한 가래가 나오고 가래 소리도 많이 나며 열로 인해 얼굴이 붉고 노란 설태가 끼거나 붉은 혀를 가지고 있는 경우가 많습니다. 게다가 자주 목이 말라 찬물 마시기를 좋아하고 잘 때 이불을 걷어차는 아이들도 있습니다.

일곱 번째, '수천증'은 몸 인의 수분대사에 이상이 생겨 발생한 천식을 말합니다. 뱃속이 자꾸 꾸르륵거리며 유난히 소리가 나고, 헛배가 부르며 가래도 묽은 편입니다. 천식 발작이 일어나면 숨쉬기가 곤란하고 소변도 시원하지 않으며, 물을 많이 마시면 더욱 심해집니다. 이런 경우의 천식은 습(습기)을 제거하고 폐를 깨끗이 해서 화를 끌어내린 다음, 뱃속을 다스리는 치료를 해줍니다.

마지막으로 '구천증'은 오래된 천식을 가리키는 것으로 노인들에게 많습니다. 숨을 길게 편히 쉬지 못하고 짧게 호흡하면서 헐떡이는 것이 특징입니다. '정천탕'이라는 한방 치료약을 써서 증상을 다스립니다.

한의학에서는 위와 같이 천식을 여덟 가지 증상으로 구분해서 치료하는 것 외에도 여러 사람의 체질과 복합적으로 나타나는 천식의 경우를 세밀하게 진찰하여 천식을 치료하고 있습니다. 천식을 치료할 때는 몸의 전반적인 체질과 구조를 파악해 불균형을 이루는 장기를 단계별로 치료하기 때문에 체질 개선은 물론 평소 좋지 않던 다른 부위까지 치료

효과를 톡톡히 볼 수 있습니다.

한방으로 천식 치료를 받을 때는 꼭 명심해야 할 것이 증상이 개선됐다고 해서 치료를 중단해서는 안 된다는 것입니다. 증상이 약하거나 없을 때는 면역력을 집중적으로 보강하는 치료를 하고, 증상이 있을 때는 증상 완화 치료와 동시에 면역력을 강화하는 치료를 해야 합니다. 천식은 인내를 가지고 꾸준히 치료를 받아야 병의 근본 원인을 제거하고 확실한 치료 효과를 거둘 수 있습니다.

2. 가족의 도움이 절실한 천식 치료

아이에게 천식이 나타나면 되도록 빨리 치료해야 합니다. 일상생활 속에서 원인이 되는 요소들을 파악해 악화를 막는 데 힘써야 합니다. 가족 전체가 천식에 대해 이해를 하는 것이 중요하며 특히 아이들의 경우에는 가족들의 도움이 절실히 필요합니다.

가정이 화목하고 편안해야 아이가 심리적으로 안정되고 휴식을 취할 수 있으며, 천식 치료에 효과적인 도움을 받을 수 있습니다. 천식을 유발하는 알레르기 원인 물질을 최대한 제거해서 깨끗하고 쾌적한 환경을 유지하도록 노력하는 것도 중요합니다. 최대한 집먼지 진드기나 곰팡이를 없애주고, 침구류와 가구들의 먼지 관리에도 세심한 주의를 기울여 아이의 기관지를 편안하게 해주고, 과도한 운동이나 추운 날씨에 바깥 출입을 하는 것도 삼가야 합니다. 너무 찬 공기나 탁한 공기를 마시면 기관지가 예민하게 반응할 수 있기 때문입니다.

환절기에는 아이가 최대한 감기에 걸리지 않도록 유의해야 하며, 공공장소는 피하고 페인트나 연탄가스, 담배 연기 등 기관지를 자극하는 요인들은 최대한 멀리하도록 합니다. 그리고 천식 환자의 발작이 자주 일어나는 '오존주의보'가 내릴 때는 반드시 외출하지 말아야 합니다.

이렇게 주변 환경을 정리해 아이의 천식 발병률을 줄이는 동시에 인체 면역력을 강화하는 규칙적인 생활과 가벼운 운동, 기후 적응력을 키워주도록 해야 합니다. 평소 신선한 공기와 적당한 햇볕을 쪼여주며 식생활에도 신경 써서 찬 음식이나 찬 음료를 줄이고 식품첨가제, 색소, 방부제가 많은 음식을 피하도록 합니다. 대신 체질에 맞는 음식과 폐와 기관지를 강화하거나 면역력을 증진시키는 식품을 먹이는 것이 좋습니다.

혹시 아이가 갑자기 천식 증상을 보이더라도 부모는 당황하지 말고 아이를 무릎에 앉힌 다음 몸을 약간 앞으로 기울여 숨을 편히 쉬게 도와주어야 합니다. 또 수분 섭취를 충분히 하고 가습기를 틀어서 실내 습도를 높여줘 아이가 끈적끈적한 가래를 잘 뱉을 수 있도록 해줘야 합니다.

단, 가습기를 사용할 때는 더운 방에 습도를 너무 높여 집먼지 진드기가 잘 자라게 해서는 안 되고, 세균이 살지 않도록 항상 깨끗하게 해줘야 합니다. 그리고 가습기로 인해 집 안에 습기가 차지 않도록 환기를 잘 시

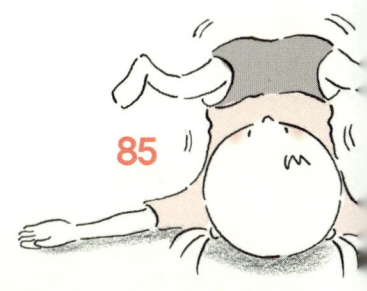

켜주며, 미지근한 물로 사용하고 아이가 가습기로 인해 젖지 않도록 해주어야 합니다. 평소 실내 온도는 24~25℃, 습도는 40~55%를 유지하도록 합니다. 이와 같은 방법으로도 가래를 잘 뱉지 못해 괴로워하는 아이에게는 어른이 손바닥을 오목하게 모아 등을 톡톡 두드려주도록 합니다. 또 가슴이나 등을 따뜻한 수건으로 마사지해주는 것도 도움을 줄 수 있습니다.

천식 증상이 심할 때 주의해야 할 점은 기침을 줄이는 약을 함부로 사용하면 안 된다는 것입니다. 천식일 때 기침을 강제로 줄이게 되면 가래를 뱉을 수 없어서 증세가 오히려 나빠질 수 있기 때문입니다. 따라서 아이가 기침할 때는 약을 사용하기보다는 등을 눌러 주는 것이 도움이 됩니다. 처음엔 오히려 기침이 더 나오지만 몇 번 반복하면 차차 기침도 잦아지고 아이의 기분도 좋아집니다. 아이를 엎드리게 한 다음 척추를 따라 척추의 양쪽을 천천히 엄지손가락으로 가볍게 누르면 됩니다. 척추를 직접 누르는 것은 피하고 위에서 아래로, 다시 아래에서 위로 각각 10회 정도 반복합니다.

마지막으로 머리를 감기거나 목욕을 끝내고 나서 천식이 악화되는 일도 흔합니다. 이는 급격한 체온 변화 때문입니다. 되도록 대중목욕탕은 피하고 집에서 간단하게 샤워를 하는 것이 좋으며, 이른 아침이나 저녁은 피해 오후 3시 정도에 따뜻한 물로 샤워한 다음 빨리 물기를 닦고 젖은 머리카락을 말려야 합니다. 게다가 옷을 갈아입을 때도 욕실에서 함께 해주는 것이 좋으며 욕실에서 나와 바로 찬바람을 쏘이지 않게 하는 것이 좋습니다.

대체적으로 찬바람에 약한 아이들은 면역력이 많이 떨어져 있는 경우가 많습니다. 특히 천식이 있는 아이는 몹시 더워하는 경향이 많은데 이때 찬바람을 쏘이면 기침을 하며 감기 혹은 천식 증상이 나타나기도 합니다. 이런 아이들은 면역력을 키워 감기, 찬바람, 찬물, 찬 음식에 강한 체질로 만들어야 근본저인 치료가 될 뿐 아니라 이것이 필자익 체질개선요법의 근간이라고 할 수 있습니다. 아이가 천식을 완화하고 개선해 나갈 수 있는 방법은 가족 모두의 노력이 있어야 가능하며, 부모는 귀찮고 번거롭더라도 인내심을 가지고 최선을 다해야 합니다. 천식으로 고생하는 아이만큼 힘든 사람은 없을 것입니다. 부모가 아이의 고통을 이해하고 함께 헤쳐나간다면 아이의 건강도 빠르게 되찾을 수 있을 것입니다.

4.
방심할 수 없는
중이염

> 귀는 우리 몸에서 항상 열려 있는 공간입니다. 늘 위험이 따르는 부위라 그만큼 탈이 나는 일도 잦습니다. 평균 3세 미만의 소아들은 1년에 1~2회 이상은 귓병을 앓을 정도로 흔하며 귀가 아파도 의사 표현이 어렵기 때문에 부모들이 그냥 모르고 지나치는 경우가 많아 증상이 악화되고 염증이 생기게 됩니다. 귓속 질환 중에 중이염은 소아의 30%가 1년에 3회 이상 앓는 것으로 감기 다음으로 가장 흔한 질환으로 알려져 있습니다.

중이염은 외이, 중이, 내이로 나눠지는 세 가지 부위 중에서 중이(中耳)

점막에 염증이 생기는 것을 말합니다. 중이염은 이관을 통해 바이러스나 세균이 침범해 중이강으로 들어가 염증을 일으키는데 보통 감기나 그 외의 감염증, 여러 자극과 알레르기, 이관이 좋지 않은 상태일 때 나타납니다. 주로 초봄과 겨울에 많이 발생하는 질환으로 감기의 영향을 가장 많이 받습니다.

중이·외이의 위치와 역할을 알아볼까요?

외이는 겉으로 드러난 귓바퀴와 귓불 등과 외이도로 구성돼 있고, 중이와의 사이에 고막이 있다. 중이는 고막 뒤에 있는데 고실이라고도 부른다. 그 밑 앞부분에 인후 쪽으로 나팔관처럼 이관이 통해 있다. 외이와 중이는 소리를 전달하는 역할을 한다. 따라서 중이에 염증이 생겨 난청이 되는 경우도 있다.

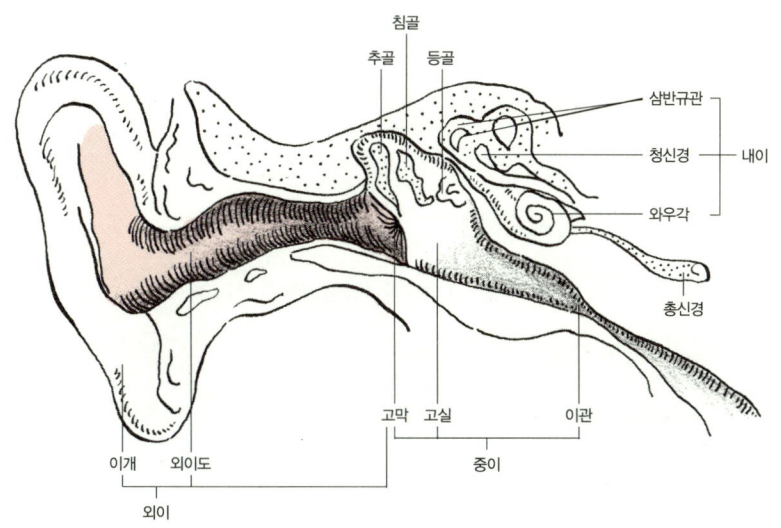

89

소아 중이염의 발생 빈도가 높은 이유는 아이들이 성인에 비해 이관의 길이가 짧고 굵으며 수평이기 때문입니다. 이관은 코의 뒷부분과 연결된 관으로써 이관의 길이가 짧고 곧으면 바이러스 침범이 빠르고 염증이 빨리 퍼질 수 있습니다. 따라서 이관이 성인의 형태로 발달하는 7세를 기준으로 그 이하의 연령대 아이들에게서 중이염 발병 빈도가 높게 나타납니다.

급성 중이염에 걸리면 아이는 특별한 이상도 없는데 고통스러운 표정을 짓고 심하게 울고 보채며, 제대로 먹지 못하고 잠도 잘 자지 못합니다. 이 시기에 대다수의 부모들은 아이의 불편한 행동 원인이 중이염이라는 것을 제대로 파악하지 못합니다. 아이들은 원활한 의사소통이 불가능하기 때문에 자신의 귀앓이를 설명할 수 있는 방법이 없습니다. 따라서 행동으로 자신의 증상을 호소할 수밖에 없습니다.

아이들은 아픈 부위가 있으면 자주 그 부위를 문지르는 행동을 보입니다. 아이의 손이 자주 귀로 간다거나, 베개에 귀를 문지르고 머리를 자주 긁적이는 행동을 보이면 그 부위가 불편하다는 것을 의미합니다. 그리고 평소와는 다르게 소리에 대한 반응이 둔해져 무심해지거나 작은 소리를 내면 아예 알아듣지 못하는 경우도 중이염 증상이 있는 아이의 특징입니다. 이때 아이의 귀는 뚜렷한 징후는 보이지 않지만 약간의 통증을 동반하는 경우도 있습니다.

이와 같은 행동으로 아이가 자신의 초기 귀앓이를 호소했다면 다음에는 좀 더 구체적인 중이염 증상들이 표면으로 드러나게 됩니다. 구토와 설사, 경련 등의 증상을 동반하며 38~39℃의 열이 오르내리기를 반복하고, 귀 언저리에 심하게 열이 나 매우 고통스러워합니다. 중이염은 자칫 감기로 오인받기 쉬워 잘 파악하지 못할 수도 있습니다. 이때는 귓속의 냄새를 맡아보는 것이 좋습니다. 중이염은 이미 귓속에 염증이 있는 상태라서 염증이 심해지면 좋지 않은 냄새가 납니다. 그래서 중이염이 의심된다면 아이의 귓속 냄새를 맡아보고 약간이라두 이상한 냄새가 난다면 즉시 치료를 시작해야 합니다.

치료가 늦어 중이염이 더욱 심해지면 격렬한 통증과 함께 귀에서 고름이 나오기 시작하는데 이때의 고름은 고막이 터져서 나오는 것입니다. 고름이 나온 후에는 차츰 열이 내리고 통증도 잦아지기도 하지만 그렇다고 중이염이 호전된 것은 아닙니다. 오히려 이런 증상은 이미 중이염이 만성화됐다는 것을 의미하므로 가벼운 감기에도 귀에서 물이나 고름이 나오게 됩니다. 결국 일시적인 통증은 사라졌다 해도 아이의 귓속 건강 상태는 심각하게 악화됐다고 해도 과언이 아닙니다.

효과적으로 치료한다면 중이염은 그리 심각한 질환은 아니지만 감기처럼 관리가 제대로 이뤄지지 않고 발견이 늦으면 심한 후유증과 함께 치료에 애를 먹게 됩니다. 고막의 함몰이나 영구적인 청력 감소, 학습 능력 저하, 언어 발달까지도 지연시킬 수 있어서 평생 동안 아이의 건강에 지울 수 없는 상처를 남기게 됩니다. 따라서 영유아를 둔 부모라면 감기

에 걸린 아이가 재채기나 기침을 심하게 하고 귀가 아프고 열이 나면 중이염을 의심해보고 정확한 진단 후에 치료받는 것이 중요합니다.

귀에 이물질이 들어갔을 때

●● 콩이나 단추, 구슬이 들어갔을 때
한 쪽 다리로 몸을 기울여 발을 쾅쾅 구르면 나오는 수가 있다.

●● 벌레가 들어갔을 때
아기가 이유도 없이 울 때는 귀에 바퀴벌레, 파리, 모기 등의 벌레들이 들어갔는지 확인해 볼 필요가 있다. 벌레는 전구 불빛을 귀에 가까이 대거나 담배 연기를 살살 불어넣으면 나온다. 그래도 나오지 않으면 올리브유나 참기름을 귀에 한 방울 정도 떨어뜨려 벌레를 죽게 만든 후 귀를 기울여 빼낸다. 그러나 바퀴벌레는 불빛을 보면 더 깊이 들어가 버리므로 물을 조금 귀에 넣어 죽으면 이비인후과에 가서 빼내야 한다.

●● 물이 들어갔을 때
목욕이나 수영할 때 우유나 물을 먹다가 귀에 물이 들어가는 경우가 있다. 들어간 물을 빼내지 않고 그대로 두면 중이염 등 귀에 염증이 생길 수 있으므로 즉시 치료를 해야 한다.
물이 들어간 쪽의 귀를 아래로 향하게 한 후에 한 쪽 발로 뛴다. 아이가 어려서 발을 구르기 힘들 때는 물이 들어간 쪽의 귀를 밑으로 향하게 하고, 그 밑에 타월을 댄 후 반대편 머리 부위를 톡톡 두드리거나 면봉으로 살살 닦아낸다.

1. 고열과 난청을 동반하는 중이염

한의학에서 볼 때 중이염의 원인은 우선 '풍열'에 있습니다. 지나치게 뜨거운 기운이 염증을 유발하고 여기에 습한 기운이 더해지면서 독기가 잘 물러가지 않아 중이염이 오래가게 되는 것입니다. 귀는 신장의 모양과 매우 흡사하고 서로 기운이 통하고 있기 때문에 신장이 약한 아이가 중이염에 잘 걸리기도 합니다. 한의학에서 신장이 약하다는 것은 선천적으로 타고난 체력이 약한 것으로 허약 체질이거나 면역력이 떨어지는 아이들의 중이염은 쉽게 낫지 않는 경향이 있습니다.

일반적으로 중이염은 '급성 중이염'과 '삼출성 중이염', '만성 중이염'으로 분류하게 됩니다. 급성 중이염의 경우는 생후 6~12개월 사이에 가장 많이 발생하지만 밖에서 활동하는 시간이 많아지는 5~6세 아이들에게서도 비교적 높은 발생률을 보입니다. 주로 감기 후에 중이염이 발생하는데 감기 바이러스가 이관의 기능을 저하시킨 상태에서 세균에 감염되는 경우가 더 많습니다.

가장 특징적인 증상으로는 발병 초기 1~2일에 나타나는 고열과 난청 그리고 밤에 심해지는 귀의 통증입니다. 말을 할 수 없는 유아의 경우 자신의 귀를 잡아당기는 시늉과 울음, 보채기로 통증을 호소하고, 말을 할 수 있는 소아들은 귀가 먹먹하다거나 잘 안 들린다고 표현합니다. 그리고 두통과 식욕 부진을 보이기도 하며 귀 뒤쪽에 압통을 느끼기도 합니다.

게다가 아이가 중이염을 앓는 동안에는 잠을 자지 못하고 이명현상[4]

4) 청신경에 병적 자극이 생겨 환자에게만 어떤 종류의 소리가 연속적으로 울리는 것처럼 느껴지는 상태. 귀 울음. 『동의보감』에서 이명은 귀에서 휘파람소리, 매미소리 혹은 종소리가 나는 현상이라고 하였다.

93

과 현기증을 호소할 수도 있습니다. 때에 따라서 심한 경우에는 뇌막염이나 뇌농양 등의 합병증이 발생할 수도 있고, 치료 시기를 놓치면 만성 중이염으로 발전할 확률이 높습니다.

뿐만 아니라 급성 중이염을 치료하지 않고 방치하면 삼출성 중이염으로 발전하는 경우도 있습니다. 삼출성 중이염은 주로 급성 중이염 이후에 생기지만 감기나 비강 질환, 아데노이드 비대증 때문에 발생하기도 합니다. 삼출성 중이염은 알레르기 비염과 같이 찾아오는 경우가 많습니다.

특히 5~10세 어린이들에게서 많이 보이고 귀 안에 무엇인가 꽉 찬 듯한 압박감이 들며 물이 고이고 사각사각 소리가 나는 느낌도 있습니다. 대부분 통증이 없는 중이염이기 때문에 조기 발견이 쉽지 않지만 아이가 평소보다 텔레비전 소리를 크게 튼다거나 불러도 대답을 하지 않고, 대화 도중에 자꾸 되묻는 행동을 한다면 삼출성 중이염을 의심해 보아야 합니다.

혹시 내 아이가 이 같은 증상을 보인다면 부모는 아이에게 귀가 먹먹한 느낌이나 자기 음성이 크게 들리는 '자가강청' 혹은 '이명'이 있는지를 물어봐야 합니다. 삼출성 중이염은 급성 중이염과는 달리 심한 통증이나 발열이 없기 때문에 발견이 늦어 난청 증상을 더욱 악화시켜 큰 아이일 경우에는 학교 성적이 떨어지고, 어린아이는 난청으로 말이 늦을 수도 있고, 감정 발달에도 지장을 초래하게 됩니다. 어린이집이나 유치원 등에서 사회성 발달에도 영향을 미치며, 교육적으로도 좋지 않은 결과를 초래할 수 있으니 세심한 주의와 관찰을 기울여야 합니다.

마지막으로 만성 중이염은 중이에 지속적인 만성 염증이 있는 것으로 증상이 오래 가는 편입니다. 대개 급성 중이염을 앓고 난 후나 삼출성 중이염을 적절히 치료하지 않으면 생기는 것으로 알려져 있습니다. 주요 증상으로는 귀에 고름이 나오고 난청이 있지만 심할 경우에는 말초성 안면신경마비인 구안와사와 심한 현기증, 청력 상실을 가져올 수 있습니다. 또한 염증이 뇌까지 전이돼 뇌농양과 뇌막염 등의 합병증도 유발할 수 있습니다.

아이가 다른 중이염을 앓은 후 정도가 심해져 귀에서 물이 나오는 경우라면 만성으로 진전될 가능성이 매우 높습니다. 만성 중이염은 대개 2~3개월간 지속되는 맑은 물이나 고름이 나오고, 증상이 심해지면 약해진 고막이 안쪽으로 빨려 들어가 벽에 붙는 유착성 중이염이 생기게 됩니다. 게다가 더욱 심해지면 진주종[5]성 중이염이 생길 수도 있습니다.

급성 중이염과 삼출성 중이염은 최대한 만성 중이염으로 발전하지 않도록 미리 치료하고 예방하는 것이 중요하며 이미 만성으로 진행됐다면 장기적인 한방 치료를 하는 것이 좋습니다.

[5] 진주종은 피부 조직이 비정상적으로 고막 안쪽에 존재하는 것인데 이것은 대개 진주처럼 작은 형태로 있는 것이 보통이지만 점점 커지게 되면 주위 조직들을 파괴한다.

2. 감기 저항력도 길러주는 중이염 치료

한방에서 중이염을 치료할 때는 급성과 만성으로 구분해 치료하게 됩니

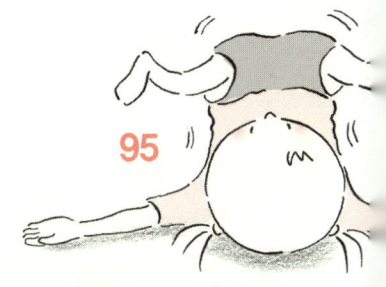

다. 열이 나고 통증이 심한 급성 중이염에는 풍열을 제거하고 열독을 풀어 염증을 가라앉히는 방법을 이용합니다. 주로 '선방패독탕', '형개연교탕', '용담사간탕' 등을 처방해 귀의 통증과 붓는 증상을 완화시키고 열을 방출하여 치료를 하게 됩니다. 이때 아이가 삼출성 중이염의 증상을 보인다면 '반하백출천마탕'과 '사령산', '패독산', '육미지황탕'과 '오령산' 등을 써서 치료를 하기도 합니다.

오랫동안 낫지 않는 만성 중이염의 경우에는 병증의 허실에 따라서 '탁리소독음'이나 '선방활명음', '만형자산' 등의 한약을 사용하여 열을 식히고 습을 제거하는 방법을 쓰거나 신장의 진액을 보충함으로써 열을 내리고 농을 배출하는 방법을 쓰기도 합니다.

또 중이염에 자주 걸리는 아이들은 신장 기능을 보강해주고 감기에 대한 저항력을 기르는 보다 근본적인 치료를 해야 합니다. 귀 염증이라고 귀만 치료하는 것이 아니라 코와 목도 함께 치료하면서 면역력을 높여주고 감기 발생을 최소화해야 합니다.

만성을 제외한 중이염은 적절한 치료를 받으면 5~10일 정도면 좋아질 수 있지만 완전히 나을 때까지는 꾸준히 치료받으며 충분히 안정을 취하는 것이 중요합니다. 증상이 호전됐다고 치료와 약의 복용을 중단하면 금방 재발해 만성 중이염으로 이행될 수도 있으므로 전문가의 소견에 따라 치료하는 것이 좋습니다.

그러나 혹시 아이가 치료 중에도 심한 통증을 느낀다면 '고막절개법'

을 사용할 수도 있습니다. 하지만 이 역시 통증은 없앨 수 있지만 염증이 완전히 제거된 상태는 아니기 때문에 한방 치료를 병행해 지속적인 치료를 해나가는 것이 중요합니다.

가정에서는 아이가 감기에 걸리지 않도록 조심하고 감기에 걸렸을 때는 적극적으로 치료해야 합니다. 그리고 평상시 녹황색 채소를 충분히 먹여 면역력을 높이고 염증으로 인한 고름이 생성되지 않도록 도우며, 코를 풀 때도 귀에 입력이 가해지지 않도록 힌 쪽씩 번갈이 기며 풀어주도록 합니다.

또 영아들의 경우에는 늦게까지 젖병이나 가짜 젖꼭지를 물리는 것은 좋지 않습니다. 그리고 아기가 귀가 아파 보챌 때는 젖병을 물리기보다는 컵이나 숟가락으로 우유를 먹이는 것이 좋고, 최대한 귀의 압력을 최소화하기 위해 눕히기보다는 안거나 업어주도록 합니다. 조금 큰 아이들의 경우라면 베개를 높여주는 것이 귀의 통증을 완화하는 데 도움이 됩니다.

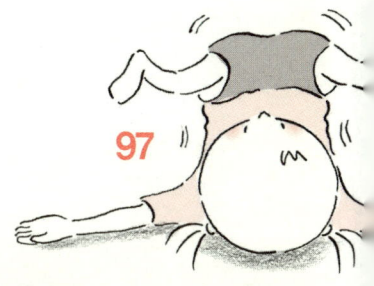

5.
같으면서 다른
알레르기 비염과
축농증

코가 막히고 콧물이 목 뒤로 넘어가거나 재채기, 두통이 있으면 흔히 알레르기 비염과 축농증을 의심합니다. 대개 알레르기 비염이나 축농증은 증상이 유사해서 혼동하는 경우가 많은데 실제로 축농증을 앓고 있는데도 비염으로 잘못 오인하는 경우도 흔합니다. 하지만 두 가지 증상의 이름이 다르듯이 근본적인 원인을 찾아 증상을 밝히면 두 질환 역시 확연한 차이를 보인다는 것을 알 수 있습니다.

알레르기 비염은 이름 그대로 알레르기 반응을 일으키는 특정한 이물질 즉, 항원이 원인이 되어 증상이 나타납니다. 사람마다 발생 원인이 매우 다양하고 불규칙한 반면에 축농증은 부비동이라는 곳에서 염증이 발생해 증상을 일으킵니다. 그리고 알레르기 비염이 진전되면 축농증도 같이 앓는 경우가 많습니다.

두 질환은 발병 원인이 다른 것처럼 증상에 있어서도 조금씩 차이를 보입니다. 알레르기 비염은 항원에 노출될 때 발작적으로 재채기를 하고 맑은 콧물이 연이어 나오지만 축농증은 코 막힘이 있고 코를 풀면 누런 콧물이나 찐득거리는 콧물이 나오게 됩니다. 그리고 축농증은 목구멍에 이물감이나 통증을 느끼고 헛기침을 하기도 하며, 알레르기 비염은 콧속과 눈, 목구멍에 간지러움을 느껴 은근히 불편해집니다.

이렇게 간단한 비교를 통해서도 두 질환의 차이점을 알 수 있습니다. 그래도 전문가가 아닌 이상 구분이 쉽지 않기 때문에 좀 더 차근히 알레르기 비염과 축농증을 분석하고, 또 두 질환이 같으면서도 얼마나 다른지를 알아보도록 합시다.

1. 알레르기 비염 vs. 축농증

한의원을 찾은 한 아이의 어머니는 "아이가 코감기에 자주 걸리고 몸이 약해진데다 짜증이 심해졌다."며 보약을 지으러 왔습니다. 실제로 아이는 엄마와 상담하는 동안 쉴 새 없이 콧물을 훌쩍 거렸고 금세 눈자위까

지 빨개져 누가 보더라도 영락없는 코감기 환자였습니다. 하지만 아이의 행동과 모습을 유심히 살펴본 결과 아이의 질환은 감기가 아닌 알레르기 비염에 가까웠습니다. 맑은 콧물과 충혈된 눈, 산만한 행동까지 아이는 전형적인 알레르기 비염 증상을 보였는데 누구도 그것이 코감기 외의 다른 질환일 것이라고는 의심하지 않았습니다.

알레르기 비염은 발병 빈도가 높은 데 반해 크게 인식되지 않고, 감기로 오인하는 경향이 많습니다. 감기와 비염은 둘 다 재채기와 콧물, 코막힘 등의 증상이 있어서 초기에 구분이 쉽지 않은 것이 사실입니다. 그러나 알레르기 비염은 알레르기 반응 물질이 인체에 닿으면 증상이 갑작스럽게 나타나고 자주 반복되며, 일반적인 감기에서 볼 수 있는 전신 증상이 없다는 것이 특징입니다. 감기는 열과 두통, 몸이 쑤시거나 잠이 많아지는 증상이 따라옵니다. 그러나 알레르기 비염에 걸리면 피로한 증상은 있지만 열이나 몸살 등의 별다른 증상이 나타나지 않습니다.

아이들이 알레르기 비염에 걸릴 경우에는 순식간에 재채기를 연속적으로 하게 되고 물 같은 맑은 콧물이 흘러나오게 됩니다. 눈과 코가 가렵기 때문에 자기도 모르게 문지르며, 종종 눈이 새빨갛게 충혈되기도 하고 눈물이 납니다. 감기의 경우라면 콧물이 투명하다가 누렇게 변하고 1주일 정도 앓는 것이 보통이며 적어도 3주 이내에는 재발하지 않지요. 그러나 비염은 수 시간에서 2~3일, 혹은 몇 주일 동안 재발하는 방식으로 증상이 반복적으로 나타납니다.

따라서 감기 때문에 치료를 시작했다가 좀처럼 나아지지 않고 다시 감기 증상을 보인다면 비염일 가능성이 높다고 할 수 있습니다. 그럴 때는 빨리 치료를 시작해서 알레르기 비염을 완화시켜야 합니다.

알레르기 비염이 오래 지속되면 기도에 염증을 만들어 콧속이 붓고 콧물이 많아져 통로가 좁아지므로 자연히 외부에서 들어오는 산소량이 적어집니다. 그로 인해 산소가 부족해진 뇌와 심장은 커다란 부담감을 안게 됩니다. 특히 뇌의 무게는 몸무게의 2~2.5%에 그치지만 뇌의 산소 소모량과 혈류량은 우리 몸 전체 소모량의 20%를 차지할 정도로 산소를 많이 필요로 합니다. 그래서 아이들은 쉽게 권태로움과 피로감을 느끼고 두통, 집중력 저하, 성장 부진 등을 겪으면서 신체적·정신적 후유증으로 고생하게 됩니다. 때문에 경미한 질환이라고 생각하더라도 반드시 '조기 치료'를 시작하는 것이 가장 중요합니다.

한의학에서는 알레르기 비염을 폐장(호흡기), 비장(소화기), 신장(비뇨기·생식기·내분비기)이 허약해져서 몸의 면역력이 떨어진 데서 기인한다고 봅니다. 기능이 떨어진 장기들은 기와 혈의 순환이 원활하지 못하기 때문에 '폐기허한(肺氣虛寒)'과 '비기허약(脾氣虛弱)', '신양허(腎陽虛)' 혹은 '신음허(腎陰虛)' 등이 원인이 되어 알레르기 비염이 발생한다고 보면 됩니다.

아이의 알레르기 비염 증상을 잘 관찰하면 근본 원인이 어디에 있는지 파악할 수도 있습니다. 이 같은 근본 원인들이 알레르기 비염을 일으키는 항원을 만나게 되면 즉시 반응하여 증상을 일으키게 되는 것이지요.

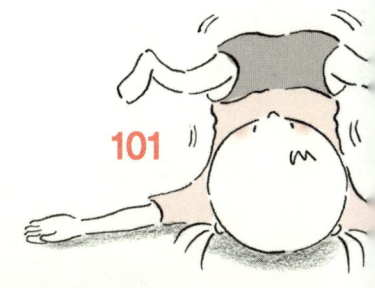

항원은 우리 주변에서 쉽게 찾아볼 수 있습니다. 꽃가루, 집먼지, 집먼지 진드기, 동물의 털, 곰팡이, 담배 연기 등 누구나 흔히 접할 수 있는 물질들이며 음식물도 항원이 될 수 있습니다. 거기다 기후 변화와 유전도 알레르기 요인으로 작용하니 항원의 파악만으로 알레르기 비염을 치료하는 데는 한계가 따릅니다. 한방에서는 똑같은 알레르기도 소아 환자마다 근본 원인이 다르고 체질도 다르기 때문에 환자에게 맞는 체질 치료를 해나가고 있습니다.

2. 알레르기 비염 치료는 체질에 맞게

한의학에서는 알레르기를 내부 장기의 불균형이 심화돼 나타나는 것으로 봅니다. 알레르기 비염, 알레르기 천식, 아토피피부염 등의 알레르기 질환들은 면역 체계의 불균형 상태에서 코나 기관지, 피부 등에 증상이 나타나는데 증상 부위만 다를 뿐 원인은 같다는 점을 분명히 하고 있습니다. 폐, 비, 신의 기능 약화가 알레르기 질환들을 유발하는데 한의학 치료는 주로 이들의 장기를 중심으로 아이의 뭉친 속열을 꺼주고 면역력을 높여주는 체질 개선을 통해 전체적인 조화를 이루도록 도와줍니다. 사용하는 처방은 주로 '온보폐장', '거풍산한', '건비익기', '보폐온신' 등을 다루며 아이의 체질에 따라서 비율을 달리하고 있습니다.

우선 증상을 개선하는 한약을 투여하다가 알레르기 비염이 만성적으로 계속되면 허약한 장기를 보다 직접적으로 보강하면서 치료하는 한약을 처방합니다. 그리고 증상이 심하지는 않으나 자꾸 재발된다면 폐나 기관지를 튼튼히 해주고 저항력을 높여 면역력을 강화해주는 한약으로 마무리하게 됩니다.

체질에 따라 단계별로 치료를 하면 아이들의 몸은 편한 상태에서 치료를 받을 수 있고 전반적인 건강 상태도 개선할 수 있어서 매우 효과적이라 할 수 있습니다. 하지만 알레르기 비염은 환경에 영향을 받는 질환이므로 한방 치료 외에도 가정에서의 관리가 매우 중요합니다. 알레르기 비염은 자극 물질에 쉽게 반응하기 때문에 가정에서는 알레르기를 유발하는 자극 물질을 없애 아이가 편히 숨을 쉴 수 있도록 청결을 유지해야 합니다. 집먼지나 집먼지 진드기가 없도록 카펫이나 애완동물, 화초 등을 자주 청소하고, 되도록 아이 곁에서 치워두는 것이 가장 좋습니다. 또 집먼지 진드기의 번식을 억제하기 위해 알맞은 온도(20~22℃)와 습도(50% 정도)를 유지해 쾌적한 환경을 만들어야 합니다.

아이랑 외출할 때는 찬 공기, 코를 자극하는 냄새를 피하기 위해 마스크를 착용하게 하고 찬 음식을 피하며, 감기가 유행하는 시기에는 사람이 많고 밀폐된 장소는 가지 않도록 합니다. 외출하고 돌아온 후에는 손을 잘 씻고 양치질을 시키는 것도 잊지 말아야 합니다.

평소 비염이 있는 아이들은 한방차를 즐겨 마시면 증상의 예방과 관리

에 도움이 됩니다. 물론 한방차가 전문적인 치료를 대신할 수는 없지만 증상을 개선하는 효과를 볼 수 있고 몸에도 좋기 때문에 수시로 복용하는 것이 바람직합니다.

한방에서는 '약식동원(藥食同原)'이라는 말이 있습니다. 이는 '약과 음식은 동일하니 음식을 잘 섭취하라.'는 뜻으로 음식이 건강에 매우 중요하다는 것을 의미합니다. 사실 알레르기 비염은 근원이 면역력에 있는 만큼 음식도 면역력을 키울 수 있는 식품을 먹이는 것이 좋습니다. 주로 녹황색 채소인 부추, 미나리, 시금치, 냉이, 쑥 등과 오미자차, 영지버섯차 등의 버섯류와 우유 등을 아이에게 먹인다면 면역력 향상에 도움이 될 것입니다.

비염에 좋은 한방차

●● 박하잎차
박하는 열과 두통을 없애주기 때문에 목이 붓고 열이 나며 콧물, 코 막힘이 있을 때 복용하면 좋다. 박하잎 4g에 물 200cc를 부어 끓여주는데 이때 박하향이 사라지지 않도록 1시간 내에 끓이도록 한다. 아이에게 박하차를 먹일 때는 따뜻해도 좋고 그냥 차가운 상태에서 먹여도 되며, 하루 2~3회 큰 숟가락으로 한 숟가락씩 먹인다.

●● 생강차
생강은 소염 작용을 하므로 맑은 콧물이 흐르기 시작하면 수시로 먹여주면 좋다. 크고 흰 생강 3톨을 얇게 저민 후에 꿀과 함께 물 4컵을 붓고 30분 정도 끓인다. 이렇게 해서 우러난 생강차는 먹기 전에 따뜻하게 데

워 아이에게 마시게 한다. 다른 방법으로는 생강을 끓이지 않고 뜨거운 물에 생강즙을 떨어뜨려 먹여도 좋다.

●● **대추차**

대추는 영양이 풍부해 체력 보충에 매우 좋다. 특히 대추와 감초를 넣어 끓인 물은 코 막힘에 효과가 좋으니 수시로 마시게 해준다. 대추 15g과 감초 2g에 물 1ℓ를 붓고 중간불로 30분 정도 충분히 달여 마시면 된다.

- -

3. 감기의 만성적인 형태, 축농증

콧구멍 속에는 네 쌍의 동굴처럼 생긴 방이 있는데 이를 통틀어 '부비동'이라고 합니다. 부비동은 공기의 습도를 조절하고 온도를 적당하게 만들어주며, 소리를 울리게 하는 공명 작용과 병원균이나 이물질을 깨끗하게 만드는 정화 작용을 합니다.

그런데 부비동에 염증이 생기면 어떻게 될까요? 물론 자신의 역할을 제대로 수행하지 못할 뿐 아니라 신체 활동도 제대로 이뤄질 수 없을 것입니다. 실제로 부비동에 염증이 생겨 고름이 나오면 콧속에서 누렇고 탁한 콧물이 흘러나오는데 이것이 축농증입니다. 부비동 염증에서 고름이 잡힐 때만 축농증이라고 하는 것이 옳으며, 부비동의 점막이 부은 부비동염은 누런 콧물이 나오지 않습니다. 그러나 사람들은 모든 부비동염을 축농증이라고 부릅니다.

코가 막히면 코맹맹이 소리가 나오고, 산소 흡입량이 줄어들어 머리가 멍해지며 두통이 생기기도 합니다. 또 눈이 충혈돼 가래가 끓고 몸은 금세 피곤하게 됩니다.

축농증은 흔히 비염과 혼동이 되는데 감기 후 또는 비염 치료가 늦어지고 만성이 되어 악화된 것이 축농증입니다. 한방에서는 축농증을 비연(鼻淵) 또는 뇌루(腦漏)라 부르는데, 축농증의 대표적인 증상은 두통을 들 수 있습니다. 두통은 대부분 앞머리 이마 쪽부터 시작돼서 차츰 머리 전체가 아파오고 목덜미 뒤에까지 퍼지게 되는데, 흔히 머리에 무거운 짐이라도 얹은 것처럼 무겁고 갑갑함을 느끼게 되는 것입니다.

이처럼 아이들이 축농증으로 두통에 시달리게 되면 주의력이 약해지고 심리적으로 불안해지게 됩니다. 그래서 초등학생 저학년의 경우에는 학습 능률이 저하되고 학업 성적이 떨어져서 의기소침해지기도 하는데 점점 정서적 불안이 더해지면 신경 증상인 '비성주의산만증' 같은 후유증을 앓기도 합니다.

'비성주의산만증'에 걸린 아이는 평소 명랑했더라도 점점 의욕과 기억력이 감퇴되고 우울한 모습을 보이게 됩니다. 이러한 아이의 변화는 자신은 물론 부모도 당황스러울 수밖에 없는데 그렇다고 크게 고민할 필요 없습니다. '비성주의산만증'은 축농증을 치료해주면 자연히 좋아지기 마련이어서 아이의 변화가 걱정된다면 먼저 축농증을 치료해줄 필요가 있습니다.

급성 축농증의 경우에는 항생제 등으로 치료가 잘 되지만 만성인 경우는 최소한 4~6주 정도 치료해야 하고 증상이 완화됐다고 해도 감기에 걸리면 또다시 재발할 가능성이 높습니다. 그럴 때마다 항생제를 쓰면 몸에 내성이 생겨 결국 항생제도 효과를 볼 수 없고 면역력을 떨어뜨려 질환을 더욱 악화시키는 결과를 낳게 되기도 합니다. 그러므로 아이들의 축농증을 다룰 때는 섣불리 양약에만 의존해서는 안 되며, 염증 치료와 면역력 강화를 동시에 할 수 있고, 보다 근본적이고 안전한 한방 요법을 시행하는 것이 더 좋습니다.

축농증이 의심되는 증세

- 체온을 재보면 정상이지만 병적인 속열이 있어서 밤에 잘 때 아이가 더워하며 이불을 걷어차고 잔다.
- 아이스크림이나 콜라, 사이다 등 찬 음식을 좋아하며 찬 곳에 자꾸 몸을 대고 자려고 한다.
- 감기에 자주 걸려서 감기가 떨어질 날이 없는 경우가 많다.
- 코가 막혀 훌쩍거리고, 재채기와 콧물을 동반하는 알레르기 비염 증세가 나타난다.
- 아침에 한 쪽 코를 번갈아 눌러서 숨을 쉬어 보면 어느 한 쪽이 답답하거나 콧물이 목구멍으로 넘어가고 기침을 자주 하는 편이다.
- 가끔 머리가 아프고 감기에 걸리면 노란 콧물이 한동안 지속적으로 나온다.
- 편도염으로 열이 자주 나고, 코피도 잘 흘린다.
- 이러한 증세들 외에 부모 중 한 쪽이 코나 기관지가 좋지 않을 때는 어김없이 축농증일 가능성이 높다.

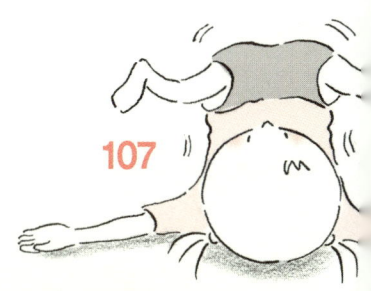

부비동에 대해 좀 더 알아볼까요?

콧구멍 속에는 네 쌍의 동굴 같은 방이 있는데, 이것을 부비동이라고 한다. 상악동·전두동·사골동·접형골동이 각각 한 쌍씩 있다. 그 방들의 벽에는 무수히 많고 작은 솜털과 점막이 있다. 점막에서 점액이 분비돼 솜털이 콧구멍 쪽으로 점액을 퍼내는 역할을 하며 코로 들어오는 공기의 습도를 조절하고 온도를 적당하게 만드는 기능을 한다. 또 부비동은 소리를 울리게 하는 공명 작용을 하고, 병원균이나 이물질을 깨끗하게 만드는 정화 작용도 한다. 부비동 중에서 가장 문제를 많이 일으키는 부위가 바로 눈밑의 얼굴뼈 속에 있는 상악동이다.

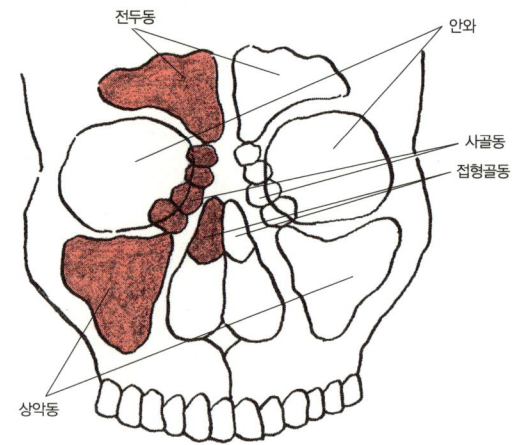

전두동 / 안와 / 사골동 / 접형골동 / 상악동

4. 깨끗한 콧속 청소

한방에서 축농증도 폐, 비, 신의 허에 있고 이 상태에서 외부의 찬바람과 열 기운이 코나 부비동에 침범하면 축농증이 발생하는 것으로 봅니다. 그래서 축농증을 '풍열형'과 '풍한형'으로 나눠 치료하는데 대부분은 '풍열형' 축농증이 가장 많이 나타납니다.

풍열형은 누런 콧물이 나고, 코 막힘이 심하며 더운 곳으로 가면 증상이 심해집니다. 주로 '방풍통성산', '형개연교탕', '선방패독탕' 등을 처방해서 치료합니다.

풍한형은 코가 막혀 냄새를 제대로 맡지 못하는 것이 특징인데 이때는 '통규탕'으로 치료하면 효과가 좋습니다. 질병이 오래된 허증일 때 가령, 비위가 약한 경우에는 '보중익기탕'을, 신허인 경우에는 '육미지황탕'을 사용합니다.

그밖에도 잦은 감기로 인해 급성 축농증이 되었다가 방치해 만성이 된 경우나 알레르기 비염 등이 심해져 축농증으로 발전한 경우도 환자의 체질과 상태에 따라서 각각 투여하는 처방을 달리합니다. 잦은 감기가 원인이라면 폐의 기운을 강화하면서 체력을 보강하는 약을 투여하고, 만성화된 경우는 기운을 돋우는 약을 주로 처방합니다.

그리고 가정에서도 알레르기 비염과 마찬가지로 알맞은 온도와 습도를 유지해주고, 청결에 신경 써주어야 합니다. 물론 아이에게 안정과 휴식을 취하게 하는 것도 중요하지만 무엇보다 코를 세척해주는 것이 매우 좋습니다. 코 세척은 콧속의 이물질을 제거하고 소염 작용으로 코의 안정을 도와주게 됩니다.

콧속을 세척하기 위해서는 일반적으로 약국에서 판매되고 있는 생리식염수를 이용하는데 세척 횟수는 콧물의 양에 비례합니다. 콧물이 많은 경우에는 하루에 4~6회 정도, 적으면 아침저녁으로 2회 정도 해주면 되고 1회 30~50cc 정도로 연속해서 세척하여 콧속에 더러운 물질이 씻겨 나올 때까지 반복합니다. 그러나 필요 이상으로 자주하면 콧속의 면

역물질이 씻겨나가 좋지 않습니다.

스스로 콧속 세척이 가능한 청소년들일 경우 아침저녁으로 세수할 때 식염수를 코 밑으로 가져가 바싹대고 숨을 살짝 들이마셔 물이 콧속으로 빨려 들어가도록 합니다. 그러면 물은 목을 통해 나오게 되는데 이때는 삼키지 말고 입으로 뱉는 방식으로 여러 번 반복해서 해주면 됩니다. 이때 물이 폐로 들어가지 않도록 조심해야 됩니다.

그러나 어린아이들은 스스로 코 세척을 하기란 쉬운 일이 아닙니다. 따라서 부모들이 아이들의 코 세척을 도와주어야 합니다. 아이들의 콧속 세척은 주사바늘을 뺀 일회용 주사기나 관장기를 준비하여 세척을 시킬 수 있습니다.

그 방법으로 일단 아이의 고개를 젖히게 하고 입을 벌려 '아' 소리를 길게 내게 합니다. 이는 만에 하나 코 세척물이 기도로 들어가는 것을 방지하기 위함입니다. 그런 다음 동시에 주사기를 한쪽 콧구멍에 대고 압력을 가해 쏴준다는 느낌으로 주입시켜 줍니다. 그러면 식염수는 콧속의 뒤를 돌아 반대쪽 콧구멍으로 흘러나오게 되어 깨끗하게 콧속 청소를 하게 되는 것입니다.

이러한 세척 방법은 다양한 코 질환을 앓고 있는 일반 환자에게도 잘 사용하면 얼마든지 보조적인 치료 효과를 보실 수 있습니다.

축농증에 좋은 민간 요법

●● 목련꽃

'신이화'라고 하며 진통, 소염에 효과가 있다. 꽃이 피기 직전의 꽃망울을 채취해 그늘에 말려 쓴다. 10g 정도를 600cc의 물에서 반 정도 될 때까지 달인 다음 하루 3회 나눠 마신다. 또 목련꽃을 가루로 내어 솜을 말아서 잠자기 전 한 쪽 코에 넣어두면 콧속 염증에 효과가 있다.

●● 수세미

수세미는 축농증에 효과 좋은 약재로 잘 알려져 있다. 만성적인 축농증 환자가 피 같은 농이 흐르고 머리가 무거운 증상을 보일 때 뿌리와 덩굴을 태운 후 가루를 내어 한 스푼씩 먹으면 좋다.

●● 삼백초

삼백초의 어린 싹을 그늘에 말렸다가 진하게 달여 식사하기 30분 전에 하루 3회, 6개월 정도 마시면 효과가 좋다. 또한, 생잎 다섯 장 정도를 소금으로 즙이 나올 만큼 주물러서 한 쪽 콧구멍에 넣고 잔다. 다음날 밤에는 다른 쪽 콧구멍에 마찬가지로 넣고 잔다. 30분 정도 콧구멍에 넣고 있다가 꺼내거나 코를 풀면 콧물과 함께 나오며 시원해진다.

●● 질경이

햇볕에 말린 어린 질경이 싹 20g을 하루 분량으로 달여서 차로 마시면 축농증 초기 증세의 체질 개선에 도움이 된다. 그리고 축농증 외에 두통과 기침을 방지하는 데도 좋다.

그밖에 마늘을 찧어서 짠 즙에 꿀을 2배 정도 섞어서 면봉에 묻혀 콧구멍에 발라줘도 좋고, 무즙이나 흰 파뿌리의 즙을 탈지면에 묻혀 콧구멍에 넣어도 염증을 가라앉히는 데 좋다. 그리고 가벼운 코 막힘 증세가 있는 아이라면 자기 전 따뜻한 물에 20분 정도 발을 담그면 코가 뚫리는 효과가 있다.

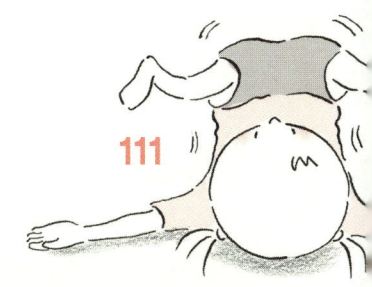

6.
지긋지긋한
아토피피부염

아토피피부염으로 고생하는 아이의 부모들은 '마음으로 아토피피부염을 앓는다.' 는 말을 합니다. 그만큼 자녀의 아토피피부염에 대해 속상하고 안타까운 심정을 나타낸 말이겠지요. 피부가 빨갛게 부어오르고 짓물러도 울면서 긁을 수밖에 없는 아이의 모습을 보면 부모는 죄인이라도 된 듯 미안한 마음이 들게 됩니다. 게다가 증상은 점점 심해지는데 별다른 치료법이 없어 매우 골치 아픈 질환이기도 합니다.

원래 아토피피부염은 알레르기 질환 중 대표적인 피부 질환입니다. 흔히, 태열이라고 불리기도 하지만 그것은 영아 습진을 좁은 의미로 나타낸 질환이고 성인에 이르기까지의 넓은 의미의 피부 질환을 아토피피부염이라고 합니다.

예전만 하더라도 태열은 유아기나 어린이의 병으로 인식해서 "땅을 밟으면 낫는다."고 했습니다. 대개 아이가 걷기 시작하면 없어진다는 의미로 그리 큰 문제가 되지 않았다는 뜻이기도 합니다. 그러나 근래에 와서는 청소년이나 성인도 태열과 유사한 아토피피부염이 늘어나는 추세여서 사회적으로 문제기 되고 있습니다. 그리고 힌 번 걸리면 단기긴 내에 치료가 힘든 아토피피부염은 증상도 매우 까다롭게 나타납니다. 심한 가려움증과 피부 건조, 발진, 진물, 부스럼 딱지, 비늘 같은 딱딱한 껍질이 있는 피부(인비늘)와 같은 증세들이 여러 가지 복합적인 요인에 의해서 호전과 악화가 반복되기 때문입니다.

아토피피부염의 대표적인 증상은 피부 가려움과 발진인데 아토피피부염은 피부 발진 때문에 가렵다기보다는 먼저 피부가 가려워서 긁다보니 발진이 생겼다는 표현이 더 정확할 것입니다.

아토피피부염 치료에서 가장 중요하고 기본적인 것은 환자의 가려움증－긁음－가려움증의 반복 주기, 즉 소양악순환(搔癢惡循環, Itch-Scratch Cycle 또는 Itch-Scratch-Itch vicious Cycle)의 고리를 끊어주어야 됩니다. 발진이 더 악화될 우려가 있기 때문이지요. 긁다가 상처가 나면 결국에 상한 피부를 통해 2차 세균 감염이 문제가 돼 더욱 증세를 나쁘게 만드는 것입니다. 아토피피부염 환자에게 생길 수 있는 피부 합병증으로 황색포도

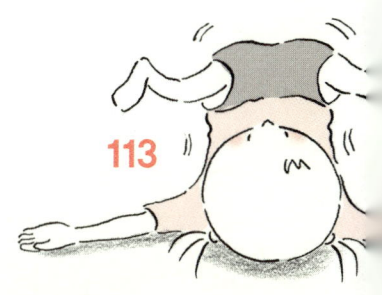

상구균은 전체 환자의 90% 이상 발견되기도 합니다.

이러한 악순환이 반복되다 보면 다른 종류의 피부 질환 증상이 나타나기도 하고, 천식과 비염·결막염 등 또 다른 알레르기 질환을 동반하는 경우도 있습니다. 가려움 때문에 아이는 숙면을 이룰 수 없어 성장 발육에도 영향을 받고, 주의가 산만해지고 학습에 지장을 주어 학습 저하로 이어지기도 합니다.

더욱이 아토피피부염의 문제는 여기서 그치는 게 아닙니다. 피부염 때문에 다른 아이들로부터 따돌림과 놀림의 대상이 되기도 해서 아이의 심적 고통이 크다고 할 수 있습니다. 아이는 아토피피부염으로 대인관계기피증을 보이기도 하고 스트레스와 우울증을 앓는 경우가 많으며 성격이 예민해지고 참을성이 부족해 신경질적으로 변하기 쉽습니다. 결국 아토피피부염은 아이의 신체적 성장을 방해하는 것은 물론 정서 발달 측면에서도 악영향을 끼친다는 것입니다.

이런 문제점 때문에 아토피피부염은 반드시 치료해야 하며, 치료도 장기간 지속되기 때문에 꾸준한 인내심을 갖고 임하는 것이 좋습니다.

1. 아토피피부염의 3단계 증상

아토피피부염은 연령에 따라 뚜렷한 3단계 특징을 보여줍니다. 주로 유아기 아토피와 소아기 아토피, 성인기 아토피로 분류되며 나타나는 특징들은 아래와 같습니다.

▶ 유아기 (생후 2개월~2세)

흔히 태열이라고 하며 대개 생후 2~3개월부터 나타나며 전체 유아의 1~3% 정도가 나타나기 시작합니다. 초기에는 이마, 뺨, 두피 등에 증세가 보이는데 볼에 가렵고 발그레한 반점으로 시작해 얼굴, 미리 등에 붉은 반점과 물집, 딱지가 생기며 전신으로 퍼지기도 합니다. 유아기 후반에는 귓불이나 무릎 뒤, 등에 습진 형태로 증상이 나타나며 가려움증은 그리 심하지 않습니다.

▶ 소아기 (2세~10세)

주로 4세에서 10세 소아에게서 많이 나타나며 얼굴 부위에 나타나는 피부염은 비교적 적은데, 무릎 뒤나 팔꿈치 앞쪽 부위는 날이 갈수록 심해집니다. 피부가 건조해지고 가려움증도 발작적으로 심해지며 건조한 겨울철에는 악화되는 경우가 많습니다.

심한 가려움 때문에 피부를 긁어 상처가 남고 입술 주위가 갈라지기도 하며 귓바퀴 위나 아래가 찢어지기도 합니다. 또 피부의 하얀 가루를 동반하는 아급성(급성과 만성의 중간 성질) 형태의 증세가 자주 나타나고, 엉덩이에는 변기에 앉는 자리와 동일한 곳에 나타나기도 합니다. 가려워

잠을 설치고 피부를 계속 긁으면 피부가 점점 코끼리가죽처럼 딱딱하고 두꺼워집니다.

▶ 사춘기와 성인기

피부 건조증이 심하면 가려움증도 심해집니다. 12세 이후에도 지속되며 천식이나 알레르기 비염이 같이 나타나기도 합니다. 피부병은 가려움증과 발진이 주 증상으로 나타나며 피부가 서로 닿는 부위나 이마, 목, 눈 주위와 손에도 두꺼운 습진이 생겨 활동이 불편해져 스트레스와 같은 정신적인 문제도 야기됩니다.

아토피피부염의 발생 원인은 아직까지 의학적으로 확실히 규명되지는 않았으나 복합적으로 발생하는 다인자성 질환으로 봅니다. 주로 유전적인 소인, 환경적인 원인, 면역계의 이상, 피부 보호막의 이상에 의해 발생하는 것으로 추정됩니다. 아토피피부염 환자의 70~80%가 아토피 질환 즉 천식, 알레르기 비염, 알레르기성 결막염, 알레르기성 장염, 두드러기 등의 가족력이 있고 부모 중 한 사람이 아토피 환자라면 자녀의 50%, 부모 모두 아토피 환자라면 자녀들이 아토피를 가질 가능성은 무려 75%에 이릅니다. 알레르기 질환이 유전성이 강한 것을 상기해본다면 자녀가 아토피피부염을 갖고 태어나는 것도 이상할 게 없습니다. 알레르기 비염과 천식을 가진 아이의 반 이상이 아토피피부염을 앓고, 반대로 아토피피부염을 앓는 아이가 비염과 천식을 앓을 확률이 매우 높아집니다. 알레르기 질환들은 동시에 발병하거나 서로 발병 가능성을 높이기도 합니다.

태어나서 2~3개월에 아토피피부염이 발생하고, 2~3세에는 천식이 발생하고 6세경에는 알레르기 비염으로 진행하는 것을 '알레르기 행진'이라고 말합니다.

따라서 아토피는 강한 알레르기 가족력과 함께 주위의 반응 물질과 결합해 아토피피부염을 유발하거나 악화시키는 것입니다. 예를 들면 멀쩡했던 아이가 도시에 와서 알레르기 문제를 일으켰다면 아이는 분명 도시 환경 문제가 피부염의 소인을 자극하여 아토피피부염의 발병을 촉진시킨 것으로 볼 수 있습니다.

즉, 피부염은 아이의 피부에 자극을 주는 요인으로 유발되거나 직접적인 알레르기의 요인과 접촉한 뒤에 반응을 나타나게 됩니다. 아이의 피부에 자극을 주는 물질들은 대개 속옷, 화학제품, 때타월 등이 있으며 직접적인 알레르기 원인으로는 우유, 달걀, 밀, 견과류, 해산물, 고기 등과 같은 음식물이거나 집먼지 진드기, 동물의 털, 인형, 비듬과 같은 다양한 물질에 노출돼 민감한 반응을 보이기도 합니다. 이때는 몇 시간 이내로 빠르게 피부의 가려움증과 발진이 일어날 수 있습니다.

그리고 잦은 목욕과 비누 과다 사용, 낮은 습도 환경으로 피부의 건조함이나 가려움을 느껴 긁는 경우에 세균이나 바이러스·곰팡이에 의해서

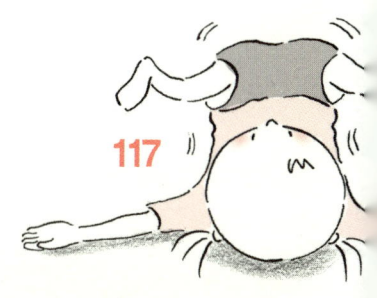

2차 피부 감염으로 습진이 발생하기도 합니다. 또, 땀이 많이 나거나 고열로 인해 땀을 많이 흘렸을 때, 통풍이 잘 되지 않는 옷과 이불, 실내 등은 아토피피부염을 악화시키는 요인으로 작용하니 주의할 필요가 있습니다. 이 외에도 아이의 정서적 스트레스를 주는 가족 간의 불화, 학교에서의 지나친 긴장과 시험에 대한 압박감은 피부를 긁는 행위를 유발시켜 피부염을 일으키기도 합니다.

마지막으로 한의학에서 아토피피부염은 내선, 유선, 태선, 태렴창 등으로 불리고 있는데 그 원인으로는 임신 중에 잘못 먹은 음식을 꼽고 있습니다. 엄마가 임신 중에 파, 마늘, 부추, 생강, 겨자 등 덥고 매운 성질의 음식을 자주 먹었거나 아버지가 평소 불에 구운 고기를 즐겨 먹다가 임신했을 경우에 태아의 핏속에 열이 발생해 잠재하고 있다가 태아가 출생하면 몸에서 생긴 열 기운과 외부의 나쁜 기운인 바람 기운(風邪)이 접촉하면서 피부에 아토피피부염 증상이 나타나는 것입니다. 이는 예부터 서양의학에 앞서 한의학이 아토피피부염은 부모로부터 받은 유전성이 강하다는 것을 강력하게 시사하는 대목이라고 할 수 있습니다. 따라서 임산부는 아토피를 유발할 수 있는 음식을 피하는 것이 좋으며, 모유수유 중인 산모도 음식물이 아이에게 고스란히 전달되기 때문에 이를 함께 지켜주는 것이 좋습니다. 임신부는 임신 후 8개월부터 모유수유 기간까지, 아기는 생후 8개월 때까지 계란을 섭취하지 않으면 약 30% 정도는 아토피피부염을 예방할 수 있다는 해외 보고도 있습니다.

생후 1년 이내의 유아의 경우에는 아토피피부염의 원인이 음식물일 경우가 많은데, 일반적으로 아토피피부염이 심하고 나이가 어릴수록 음식물이 문제가 되지만 나이가 많아질수록 집먼지 진드기 등 흡입성 물질이 주 원인으로 보고되고 있습니다. 소아기 때는 계절, 주로 건조한 겨울과 땀 분비가 잦은 여름에 나빠지며 성인은 자극, 환경 요인, 정서적 문제, 내분비 요인 등에 의해 나빠질 수 있다.

●●**알레르겐(알레르기를 유발하는 물질) 요인**
 −화학물질 : 비누, 세전제, 새 집이 여러 가지 하학물질, 털옷, 꽉 조이는 옷, 양무, 실크, 태양열, 더운 것, 찬 것, 공기 오염이 심한 장소 등
 −음식물 : 닭고기, 돼지고기, 계란, 땅콩, 우유, 두유, 밀가루, 생선 등
 −환경 요인 : 집먼지, 집먼지 진드기, 동물의 털, 인형의 털, 꽃가루, 동물의 비듬 등
 −정서적 불안, 스트레스, 긴장, 좌절, 분노의 감정 등

2. 올바른 생활습관으로 아토피 몰아내기

아토피는 어원이 그리스어로 '이상한' '부적절한' 이라는 의미이기 때문에 말 그대로 다양한 원인이 복합적으로 발병해 완화와 재발을 반복합니다. 원인이 복잡하고 다양하다는 것은 그만큼 치료가 어렵다는 뜻이기도 합니다.

 사실 아토피피부염은 정확한 원인이 밝혀지지 않아 특효약은 아직 없습니다. 일반적인 치료는 증상을 완화시킬 뿐 근본적인 완치의 개념과

119

는 거리가 있습니다. 하지만 한방에서는 주로 한약을 복용하여 체질을 개선시키고 외용한방연고를 함께 발라 피부염 증상을 호전시켜 큰 효과를 보고 있습니다.

주로 아토피피부염은 폐의 열독(熱毒)과 관련이 깊으며, 그로 인한 기능의 약화로 '음혈 부족'이 원인이라고 보면 됩니다. 초기에는 몸속에 '화'나 '습열'[6]이 쌓여 습진처럼 발생하는데 이는 열 때문에 우리 몸을 영양하는 음혈이 소모되면서 나타나는 증상들입니다. 그러므로 환자의 증상과 체질에 따라 처방을 달리하여 폐의 열독을 제거하고 음혈을 보강해주는 한약을 복용하는 것이 좋습니다. 열독을 제거하는 한약을 복용하고, 한방외용연고를 환부 주위에 발라 피부 염증을 완화해주는 것입니다.

그리고 아토피는 선천적·체질적인 요인에 따라 좋아졌다 나빠졌다를 반복하기 때문에 평소 생활 관리가 약의 복용 못지않게 중요하며 지속적인 관심과 예방이 필요합니다. 따라서 소아 아토피피부염을 개선하기 위해 부모들이 지켜야 할 사항들이 있습니다.

첫째로 아이의 음식은 가공된 음식이 아닌 자연식으로 먹이도록 하세요. 식품첨가물이나 방부제가 들어간 음식, 인스턴트식품 등을 자제하고 계란, 우유, 유가공품, 육류 등 고단백 동물성 식품을 줄이는 것이 좋습니다. 그렇다고 무턱대고 모든 음식들을 줄이고 편식을 하면 영양 불균형을 초래할 수도 있으니 문제되는 음식만을 가려주도록 하고 되도록

6) 습기로 인해 생긴 열.

대체 음식을 마련하여 영양의 균형을 맞춰주려는 노력이 필요합니다.

두 번째는 주변의 유해물질을 최대한 멀리해야 합니다. 공기 중에 떠다니는 오염 물질, 꽃가루, 이상기온 등은 언제 어떻게 아이의 피부염에 영향을 미칠지 모릅니다. 따라서 대기 오존량이 많은 날이나 추위와 더위가 심한 날은 아이의 외출을 삼가고, 부득이하게 외출할 경우에는 마스크를 착용합니다. 사람이 많고 밀폐된 장소는 공기 오염이 높으므로 피하는 게 좋습니다. 무엇보다 가정 속 위험인자로 인해 발병 확률이 높기 때문에 가정환경을 살피는 것이 중요합니다. 먼저 집 안 청소로 알레르겐 요소들을 없애고, 실내온도는 20~24℃, 습도는 45~55%를 유지하여 너무 덥거나 습도도 높지 않게 환경을 만들어줍니다. 또, 목욕을 자주 시키지 말고 목욕 후에는 보습제를 발라주는 것이 좋습니다.

셋째로 아이가 심한 스트레스와 우울증을 겪지 않도록 정서적인 안정과 긍정적인 사고를 심어주어야 합니다. 아토피피부염은 겉으로 드러나기 때문에 이에 대해 제대로 알지 못하는 사람은 전염되거나 불결하게 생각할 염려가 있습니다. 이런 편견은 아이에게 상처로 돌아와서 심리적으로도 위축돼 점점 내성적이고 예민하게 변할 수 있습니다. 게다가 피부염을 더욱 악화시키기도 합니다. 아이가 아토피피부염에 의연해지고 주변 반응에 예민하게 신경 쓰지 않도록 정확히 설명하고, 밝고 긍정적인 사고를 불어넣는 것이 중요합니다.

아토피피부염은 부모의 꾸준한 노력과 세심한 주의가 필요합니다. 아

토피피부염은 곧바로 치료되지 않고 개선되는 기간도 오래 걸리기 때문에 옆에서 항상 보살펴줘야 하는 부모도 지치고 민감해질 수밖에 없습니다. 하지만 올바른 생활습관을 끈기 있게 실천해 간다면 아토피피부염도 반드시 치료될 수 있는 질환이 분명합니다. 포기하지 말고 한방 처방을 겸한 생활 관리로 아이의 건강을 관리해주세요.

그 외 엄마가 지켜야 할 사항

• 아이의 손톱은 항상 짧게 깎아주고 심하게 긁으면 장갑을 끼어 긁지 못하게 한다.
• 새 옷은 아이에게 입히기 전에 먼저 화학 성분을 없애기 위해 세탁부터 먼저 해야 한다.
• 내의는 라벨을 밖으로 해서 옷을 뒤집어 입히거나 라벨을 제거한다.
• 표백제는 사용하지 말고 세탁 후에는 옷에 세제 찌꺼기가 남지 않도록 여러 번 헹군다.
• 알코올이 함유된 로션은 바르지 않도록 한다.
• 벌레에 물린 단순한 피부병도 빨리 치료해주어야 한다.
• 목욕할 때 물의 온도는 약간 따뜻한 정도가 좋고 피부에 자극을 주지 않도록 살살 문지른다.
• 목욕 후 물기는 면 수건으로 찍어내듯 살살 닦아주고 오일이나 로션, 한방연고 등을 발라 피부가 건조해지지 않도록 한다.

7.
엄마와 아이를 지치게 하는
장염

영유아기에 가장 많이 발생하는 이상은 감기와 발열, 설사입니다. 이 중 설사는 소화기관이 충분히 발달하지 않은 시기의 아이가 많이 먹거나, 음식이 몸에 맞지 않을 때, 감기에 걸렸을 때 나타납니다. 한의학에서는 설사를 '한증'과 '열증', 두 가지 원인으로 분류하고 있습니다. 한증에 의한 설사는 장의 기운이 떨어져 나타난 것으로 설사 외에 별다른 징후가 없지만 수 개월 이상 설사나 묽은 변이 지속되면서 만성 장염을 동반합니다. 반면에 열증에 의한 설사는 너무 잦은 설사로 아이가 탈수 증상을 보이고 고열과 복통이 수반되며, 대개 세균

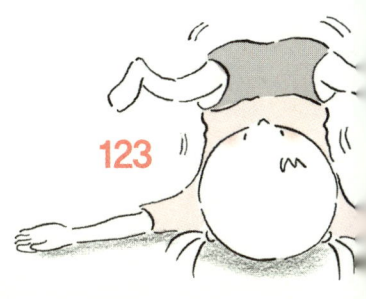

이나 바이러스 등 병원균에 의한 감염이 원인으로 급성 장염을 동반하기도 합니다.

장염은 흔히 설사병과 비슷한 개념이지만 주 증상은 구토와 설사, 열을 동반하게 됩니다. 초기에는 설사가 없고 구토만 하루나 이틀 정도 하기 때문에 초기 진단에 어려움을 겪기도 합니다. 그리고 유아들은 흔히 우유나 음식을 잘못 먹어도 구토와 설사를 하므로 장염을 판별하는 일은 그리 쉽지 않습니다. 따라서 아이의 증상이 장염인지를 확인하기 위해서는 아이의 상태를 자세히 관찰할 필요가 있습니다.

우선 설사하는 아이는 탈수 증상이 있는지부터 파악합니다. 심한 탈수 증세를 보이는 아이일 경우에는 눈이 움푹 들어간 것 같이 보이고 혀를 손으로 만져보면 물기가 없고 까칠한 느낌이 듭니다. 또 복부를 손으로 꼬집어보면 금세 펴지지 않는 증상을 보이기도 합니다. 이는 대장의 수분 흡수에 이상이 생겨 장내 혈액 흐름이 느려졌다는 것을 의미합니다. 그래서 시간이 지나면 탈수가 더욱 심해지고 소변을 누지 않게 되며, 혹시 소변을 보더라도 소변 색이 진한 노란색이 나오면서 평소보다 맥박이 빨라집니다.

갓난아기들의 경우에는 머리의 대천문이 깊게 함몰돼 있는 것도 확인할 수 있습니다. 이런 증상이 보이면 아이는 이미 장염으로 많이 지쳐 있어 기력이 몹시 쇠한 상태입니다. 성인에 비해 영유아는 체내 수분량이 많고 탈수에 잘 빠지므로 주의하지 않으면 안 됩니다.

장은 사람이 활동할 수 있는 정기를 받아들이는 곳입니다. 장이 부실하면 정기를 제대로 받아들이지 못해 에너지 부족 현상을 일으킵니다. 우리의 몸에서 에너지가 부족해지면 신체 활동은 물론이고 유지할 수 있는 기운조차 없고, 병의 치유와 예방에도 문제가 발생합니다. 장은 면역력에도 커다란 영향을 미치고 있으며, 그만큼 장의 건강은 매우 중요합니다.

이렇게 중요한 장에 이상이 생겨 아이가 장염으로 고생한다면 몸의 정기는 바닥이 나서 사실상 오장육부의 활동을 멈추고 있다고 해도 과언이 아닙니다. 때문에 부모는 아이가 장염으로 설사를 하는 동안에는 체액 소실의 위험성이 매우 높다는 것을 명심해 빨리 장염을 치료받을 수 있도록 해야 합니다.

1. 가성 콜레라로 불리는 장염

장염은 바이러스성 장염과 세균성 장염이 있는데 흔히 소아 장염은 '로타바이러스'에 의한 감염이 많습니다. 예전에 장염은 그 원인을 모를 때는 '가성 콜레라'로 불리기도 했으며, 건조한 늦가을부터 겨울철에 전국적으로 유행하여 생후 6~24개월 된 영유아에게서 80%라는 높은 발병률을 보이고 있습니다.

로타바이러스는 주로 오염된 음식물이나 장난감, 손 등의 매개물을 통

125

해 감염될 수 있고 주된 감염 경로는 입과 항문입니다. 특히 바이러스가 묻어 있는 손으로 아기에게 음식을 먹이거나 기저귀를 갈 때 감염되는 경우가 많습니다. 그래서 부모는 손 위생에 철저히 신경 써야 하며 사용한 기저귀와 물 티슈는 비닐에 싸서 바로 버려야 합니다. 그밖에 로타바이러스의 감염 경로는 호흡기를 통한 공기 전파 가능성도 있습니다. 가족이나 놀이방, 유치원 등을 통해 쉽게 감염되며 전염성이 매우 강해 지역이나 그룹 단위로 단체 발병할 수도 있습니다.

이러한 로타바이러스로 인한 장염을 '감염성 장염'이라 하며 감염성 장염은 로타바이러스 외에도 병원대장균, 살모넬라균, 이질균, 비브리오, 포도상구균 등과 같은 세균이 주 원인입니다. 이와는 달리 폭식, 폭음, 식중독, 약물이나 음식물 알레르기 등이 원인이 되는 비감염성 장염도 있습니다.

일단 아이가 장염에 걸리면 1~3일 정도의 잠복기를 갖습니다. 이때는 일부 기침과 콧물, 가벼운 상기도감염 증상이 나타나기도 하며 뒤이어 구토를 시작합니다. 발열, 식욕 부진과 함께 하루에도 몇 번씩 구토를 하는 아이는 점점 체력 소모가 심해지고 가끔 경련을 동반하는 경우도 있습니다.

그리고 이어지는 설사는 녹황색을 띠거나 쌀뜨물과 같은 변이고, 대변의 양이 많으며 대개 7~10회 정도 설사를 합니다. 심지어 심한 아이는 수십 회까지 하는 경우도 있어 심각한 탈수증을 유발하기도 합니다.

간혹 이 시기에 부모들은 아이가 체한 줄 알고 소화제를 먹이기도 합니다. 하지만 그것은 장염을 오히려 악화시키기 때문에 주의를 기울여야 합니다. 섣불리 소화제를 먹이기보다는 구토와 설사가 지속되면 1~2일 간은 음식 양을 줄이고 변의 상태를 관찰합니다. 그리고 미음과 같은 유동식에서 차차 부드럽고 소화되기 쉬운 음식으로 바꿔줍니다. 심한 설사로 탈수증이 생길 수 있으니 전해질과 수분을 충분히 공급해주는 것이 좋으며 장에 자극적인 것 즉, 섬유가 많은 야채, 발효되기 쉬운 식품, 뜨겁거나 찬 음식은 피하도록 합니다.

아이의 설사가 1주일 이상 지속되면 장 점막에 심한 손상을 줘 장이 유당을 흡수하지 못하는 증상이 보이기도 합니다. 이때 회복기에 들어섰더라도 유당이 들어 있는 음식(우유와 유지방류)을 먹으면 장운동이 촉진돼 다시 설사가 재발되는 경우도 있습니다. 아이는 체력도 많이 떨어진 상태에서 영양도 좋지 않아 발육에 상당한 영향을 받습니다. 흔히 성장기 내내 만성적인 소화기관의 장애를 겪는다든가, 면역력이 저하되고 또래보다 더딘 성장을 보이며 성인이 돼서도 복통, 위염, 장염 등의 지속적인 소화기 질환으로 고생할 가능성이 매우 높습니다. 특히 만성 장염으로 발전할 가능성이 가장 높으며 지속되는 급성 장염 증세와 불규칙한 배변으로 설사와 변비를 반복하게 됩니다. 그리고 식욕 부진, 복통, 복부 팽만감, 흡수 장애로 인해 영양이 결핍돼 빈혈이 일어나기도 합니다.

이처럼 아이가 만성 장염으로 고생하게 되면 배를 따뜻하게 하고 안정

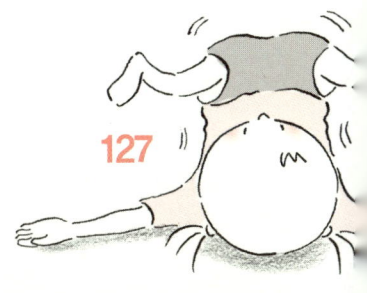

127

을 취하게 하며 지속적인 약물과 식사 요법을 병행하여 꾸준한 치료를 해나가야 합니다. 그렇게 해야 지겹게 이어지는 장염의 고리를 끊고 확실한 치료 효과를 볼 수 있습니다.

2. 소아 장염은 위장간의 습열이 원인

한의학에서는 소아 장염의 원인을 위장간의 습열이 있어 설사를 일으킨다고 보고 있습니다. 평소 소화기계가 허약하거나 타고난 원기가 부족한 아이들이 소장이나 대장에 습열이 생기면 장염이 발생하기 쉬우므로 이런 경우에는 각각의 부위에 습열을 제거하는 방법을 사용합니다.

비장과 위장이 허약하고 병이 소장에 있는 경우에는 비장과 위장 즉, 비위를 튼튼하게 해주고 습한 것을 제거해줍니다. 그리고 비위가 약하고 원인이 대장에 있는 경우에는 속을 따뜻하게 하면서 습열을 없애도록 합니다. 치료 과정에도 아이의 허약한 부분이 보강될 때까지는 설사가 있으며 탈수 증상도 나타납니다. 탈수증으로 부족해진 수분과 전해질을 공급해주면서 비위와 장 기능을 살려주는 근본 치료를 하고, 회복기에 접어들면 수분대사와 기혈 순환을 돕고 소화기를 튼튼하게 하는 치료를 해주게 됩니다.

타고난 원기가 부족한 아이들은 비장과 신장의 양기를 도와주며, 속을 따뜻하게 하고, 한방 치료로는 위와 장의 허증을 보완하고 설사를 줄이는 '삼령백출산', '향사온비탕', '사신환', '위령탕' 등을 아이의 체질에 맞게 처방합니다. 또, 부모는 간단한 응급처치법으로 장염으로 인한 아이의 체력 소모를 감소시켜야 합니다. 다음과 같은 방법으로 치료를 합니다.

첫째, 아이의 탈수증을 막기 위해 수분 섭취를 도와줍니다. 아이가 구토를 계속해 음식을 먹이기 곤란하면 물이나 전해질 용액을 스푼이나 컵을 사용하여 5~10㎖씩 소량으로 자주 먹이고, 만약 토하더라도 상당량이 위를 통과해 소장으로 내려가기 때문에 탈수증을 예방하고 치료할 수 있습니다. 보통 가정에서는 아이에게 보리차나 결명자차를 많이 먹이는데 보리차와 결명자차는 찬 성질을 가지고 있기 때문에 속을 냉하게 만들어 오히려 설사를 부추깁니다. 설탕이 너무 많이 들어간 음료 역시 탈수와 설사를 조장할 염려가 높기 때문에 피하는 게 좋습니다. 대신, 끓인 물 1ℓ에 황설탕 2큰술, 소금 2분의 1 작은술 정도로 섞어 다시 끓여 수시로 먹이고, 백출과 산사 같은 한약재 달인 물을 주는 것이 좋습니다.

둘째, 대변 상태를 확인하며 식사를 제한해야 합니다. 예전에는 아이가 설사를 하면 무조건 굶기는 방법을 사용했는데 이는 영양 부족을 초래해 회복을 더디게 하는 경향이 있습니다. 그래서 요즘은 설사를 하더라도 조금씩 먹일 것을 권장하고 있습니다.

아이의 설사가 심한 정도가 아니라면 평소대로 음식을 섭취하게 하되

섬유질이나 자극적인 음식, 찬 음식, 기름지고 설탕이 많이 든 음식, 유제품과 같이 설사를 유발하는 음식은 피하도록 합니다. 또 여러 가지 곡류가 들어간 생식이나 선식도 피하는 게 좋습니다.

설사가 심한 경우에는 엄격하게 식이 제한을 하고 수분을 자주 섭취해주며, 미음과 같은 유동식을 먹이다가 아이가 회복 상태를 보이면 이유식과 죽 같은 것을 주면 됩니다. 그리고 회복이 되더라도 과식을 피하고 위장에 부담이 없도록 부드러운 음식을 적당히 먹이며 점점 양을 늘려가는 것이 좋습니다. 가장 좋은 방법으로는 조금씩 자주 먹이는 것이 효과적입니다.

그러나 이런 단계 전이거나 단계가 진행 중일 때 아이의 변에서 코 같은 것이 섞여 나오거나 피가 묻어나오고, 변이 거무스름하며 열이 나는 경우라면 즉시 전문가를 찾는 것이 좋습니다.

셋째, 아이의 엉덩이를 깨끗이 닦아주도록 합니다. 설사로 고생하는 아이는 엉덩이가 불이 날 정도로 화끈거리고 약해져 있는 상태입니다. 그런 아이에게 엄마의 실수로 엉덩이까지 짓무르게 한다면 아이의 고통은 더욱 심해질 것입니다. 아기가 설사를 하게 되면 우선 기저귀를 빨리 갈아주고 따뜻한 물에 적신 수건이나 대야에 따뜻한 물을 받아 씻기는 것이 좋습니다. 물 티슈로 잘 닦았다고 해도 이 같은 과정으로 꼭 마무리를 해야 합니다. 엉덩이를 잘 닦아주고, 부드럽고 마른 수건으로 가볍게 엉덩이를 두드리듯 말린 후, 베이비 로션이나 오일을 발라줍니다. 혹시 아이의 엉덩이가 이미 짓무른 상태라면 엉덩이에 파우더를 바르면 오히려 악화될 수 있으니 피하는 게 좋습니다. 파우더는 아이의 몸에 좋지 않은 화학 성분이 포함돼 있을 수 있으며, 호흡기에 나쁜 영향을 미칠 수도 있습니다.

넷째, 아이의 옷을 자주 갈아입히고 아이의 옷은 따로 구분해 세탁합니다. 장염은 전염성이 강하기 때문에 장염으로 인해 설사를 계속할 땐 아이의 옷을 따로 분류해 세탁하고, 햇빛이 잘 드는 곳에서 말려야 합니다. 그리고 설사한 아이를 만진 엄마의 손도 항상 깨끗하게 씻어 청결을 유지해야 합니다. 아이를 만지기 전이나 기저귀를 갈고 난 후에는 반드시 비누로 깨끗이 씻어 엄마의 손을 통해 병원균이 옮아가지 않도록 주의합니다. 아이가 생활하는 공간과 사용하는 용기(우유병, 숟가락 등), 장난감 등도 잘 소독하여 청결하게 해야 합니다.

마지막으로 배와 등의 차가운 부분은 따뜻하게 해주고 가볍게 어루만지면서 마사지를 해주면 장이 편안해지는 효과가 있습니다. 따라서 엄마는 아이의 배와 등을 5~10분 정도씩 마사지해 아이가 빨리 장염에서 벗어날 수 있도록 도움을 줘야 하겠습니다.

장염에 좋은 민간 요법

●● **대추를 넣은 구기자차**

대추와 구기자에 적당히 물을 붓고 국물이 진하게 우러날 때까지 달여 먹인다. 대추와 구기자를 꾸준히 먹이면 위와 장을 튼튼하게 하는 효과가 있다.

●● **사과즙**

사과를 절반으로 쪼개 속을 파내고 잘 찧어 즙을 낸다. 이 즙을 1회에 50~100㎖씩 하루 서너 번 먹이면 수분 보충과 변비에 효과가 있다.

●● **찹쌀죽**

찹쌀은 성질이 따뜻한 식품이다. 『본초강목』에는 "찹쌀죽은 기력을 내게 하고 위장의 냉증과 설사·구토를 낫게 한다."고 쓰여 있다. 찹쌀을 살짝 볶아 죽을 쑤면 설사를 멎게 할 수 있다.

●● **표고버섯**

표고버섯을 달여 그 물에 꿀을 넣어 먹으면 설사, 구토, 기침, 가래에 효과가 있다.

●● **도토리가루**

도토리가루를 1회에 1g 정도를 하루에 서너 번 따뜻한 물에 타서 먹인다. 발열이 없는 설사에 효과가 있다.

8.
말 못할 괴로움,
변비

화장실에서 얼굴 붉히며 앉아 있는 아이의 얼굴을 보면 웃음이 나오다가도 혼자 끙끙대며 고생하는 모습을 보면 금세 안쓰러워집니다. 잦은 설사만큼이나 변비도 아이의 체력 소실을 크게 하기 때문에 대변을 해결하지 못하는 아이들도 항상 기력이 쇠한 상태라고 볼 수 있습니다.

아시다시피 대변도 장 기능에 속하는 활동입니다. 대변은 소장에서 영양 물질과 수분이 흡수되고 남은 음식물 찌꺼기가 대장으로 넘어오면 대장은 남은 수분을 흡수하면서 연동작용으로 조금씩 직장으로 음식물을

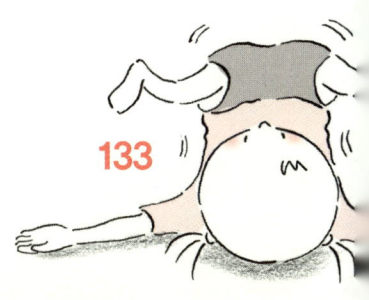

133

밀어내게 됩니다. 그러면 우리 몸은 대변을 보고 싶다는 욕구가 생기고 이때 직장은 강한 힘으로 대변을 밖으로 내보내는 것이지요. 그렇게 되면 직장 내에 대변이 남아 있지 않은 빈 상태가 되는 것입니다. 하지만 직장 내의 대변이 밖으로 나가지 못하고 가득 차 있으면 '변비'가 됩니다.

변비는 음식물 찌꺼기가 장에 머물러 몸 밖으로 배출되기 어려운 상황을 말합니다. 변비로 인해 아이의 대장 속에 변이 점점 쌓이게 되면 오래된 변이 서서히 굳어지면서 더욱 대변을 보기 힘들어지는 상황이 됩니다. 그렇게 되면 배변 욕구는 있지만 몸 밖으로 배출되지 않는 변 때문에 자연히 온몸과 항문에 힘을 주게 됩니다. 이 과정에서 아이는 엄청난 에너지를 배변하는 데 쏟게 되며 항문 안쪽이 찢어지는 통증을 느끼기도 합니다. 그렇다고 해서 만족할 만한 대변을 보는 것도 아니기 때문에 아이는 반복적인 고통을 겪을 수밖에 없습니다. 게다가 몸 밖으로 나가지 못한 대변의 영향으로 다양한 후유증을 겪게 됩니다. 직장과 항문의 근육이 피로해지고 부분적으로 늘어나며, 장의 하부에 모여 있던 물기가 단단한 대변 사이로 살짝 새어나오는 '대변실금' 증상이 생기기도 합니다. 그래서 가끔 아이의 몸에서 냄새가 나고 팬티에 자국을 남기기도 합니다. 뿐만 아니라 변비로 인해 느끼는 불쾌감은 매우 높습니다. 쌓인 대변 가스로 인해 속이 더부룩하고 복부 팽만감 때문에 식욕이 저하되며, 의욕이 상실되고 움직임도 둔해집니다. 게다가 혈액이 탁해져 기와 혈류 흐름을 막아 뇌 활동도 느려지고, 두통이나 근육통의 원인이 되기도 합니다. 초등학교 아이들의 경우 변비는 집중력을 떨어뜨려 학업 능률이 저하되고 학습 능력이 떨어지는 결과를 낳기도 합니다.

물론 아이들이 대변을 누지 못한다고 해서 모두 변비라고 말할 수는 없습니다. 음식으로 인해 잠시 대변을 보기 힘들어지는 경우도 있기 때문입니다. 따라서 소아 변비를 판별하기 위해서는 다음과 같은 증상이 있는지 확인할 필요가 있습니다.

▶ 1주일에 2회 이하의 배변 횟수

신생아의 대변은 1일 4회, 돌이 지나면 1일 2회, 4세 이후로는 1일 1~3회에서부터 1주일 3회 정도를 정상적인 대변 횟수로 보는데 변비는 그 이하의 대변 횟수를 보입니다.

▶ 단단하고 마른 변과 배변 시 통증

아이의 대변 횟수가 정상이라 하더라도 너무 딱딱하고 건조한 대변을 보거나 대변 시 힘들고 아파하는지를 살펴야 합니다. 흔히 아이들은 너무 굵고 단단한 변을 볼 때 토끼똥처럼 동글동글한 대변을 보는 경우가 자주 있는데 이런 경우도 변비에 해당합니다.

▶ 시간이 길고 피가 묻어나는 대변

굳어진 대변은 자연스럽게 혹은 작은 힘으로는 배출이 어렵습니다. 게

다가 변비로 인한 대변은 수분이 없어서 오랜 시간 힘을 줘야 하고, 그로 인해 약해진 항문에 굵고 단단한 대변이 나온다 해도 항문이 찢어져 피가 나오는 경우도 있습니다.

▶ 복통과 복부 팽만, 식욕 상실

대변이 대장에 차 있으면 자연히 복통이 생기고, 노폐물에서 나온 가스로 인해 먹지 않아도 복부가 팽창되며 간혹 헛구역질이 나타나기도 합니다. 이럴 때 식욕이 생길 리 없지요.

▶ 정서적 불안, 배변의 두려움

대변을 볼 때 힘이 들고 통증을 느끼는 아이는 자연히 배변에 두려움을 느끼게 됩니다. 따라서 화장실 가기를 꺼려하고, 대변이 마려운 경우나 대변을 보는 도중에 소리를 지르기도 합니다. 게다가 배출이 제대로 되지 않아 성격도 신경질적으로 변하고 산만해져서 정서적인 불안을 겪게 됩니다.

Tip 1

항문이 찢어졌을 때는 좌욕을!

항문이 찢어지면 변을 볼 때마다 항문 주위가 아프기 때문에 변을 참다가 오히려 심한 변비에 걸리는 악순환이 되기 쉽다. 이럴 경우에는 따끈한 물에 엉덩이를 담그는 좌욕이 가장 효과적이다. 1일 4~5회씩, 1회 10분 이상 좌욕을 하는 동시에 염증에 효과적인 한약을 복용하는 것이 좋다.

1. 소아 변비는 식습관 개선과 배변 의지가 중요하다

변비는 기능성 변비와 기질성 변비로 나눌 수 있습니다. '기능성 변비' 는 장의 활동이 약해지거나 습관적으로 변의를 참아서 생기는 것을 말하고, '기질성 변비' 는 질병에 의해 대장에 이물질이 생기거나 형태가 변형돼 배설물이 지나가기 어려운 경우 장관이 가늘어지는 경우가 있습니다.

특히 소아 변비는 기능성 변비의 경우가 많은데 운동 부족이나 스트레스, 허약 등이 주요 원인으로 작용하고 있으며 연령별로도 다양한 원인을 찾을 수 있습니다. 영아들의 경우는 먼저 수유 양의 부족이 원인이 될 수 있습니다. 모유는 변비를 해소하는 성분을 가지고 있는데 모유 수유 양이 적은 아이들은 변비에 걸리기 쉽습니다. 또 모유 대신 분유를 먹이는 아기가 상대적으로 변비에 걸릴 가능성이 높은데 모유와는 달리 분유에는 변비 해소 성분이 거의 없기 때문에 최근 이런 성분이 첨가된 분유가 시판되기도 합니다. 아이가 모유 부족으로 변비에 걸린 것 같다면 부족한 수유 양을 늘리고 과일 주스나 야채를 넣은 이유식으로 보충해 줄 필요가 있습니다. 그리고 분유를 먹는 아이가 변비에 걸리면 분유를 진하게 타서 많이 먹이거나 생후 4개월 이내의 아이라면 분유 속에 황설탕을 1 작은술 정도 타서 먹이는 것도 좋습니다.

사실 영아들은 이유식을 처음 시작할 때 이유식에 적응하기 위해 일시적으로 변비 증상을 보일 때도 있고, 돌 이후의 아기는 생우유를 먹는 양

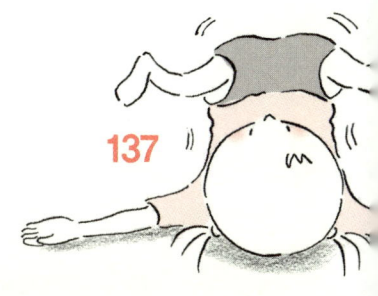

이 늘면서 변비가 생기기도 합니다. 따라서 대부분 영유아기의 변비는 병이 아닌 일시적인 증세이므로 크게 걱정할 필요는 없습니다.

　어린이와 청소년의 변비는 주로 식습관과 생활 방식에 원인이 있습니다. 패스트푸드와 기름진 음식의 섭취가 늘어난 데 비해 채소와 같은 섬유소 섭취는 현저히 줄어들어 장운동이 활성화되는 데 영향을 받습니다. 예전과는 달리 요즘 아이들은 주로 앉아서 많은 시간을 보내기 때문에 몸의 움직임도 활발하지 않아 변비가 더욱 심해지고 있습니다. 설상가상으로 아이들은 자기 일에 빠지면 배변을 참는 버릇이 있습니다. 원래 아이들의 직장은 어른보다 탄력성이 좋아 대변을 오래 참을 수 있기 때문에 아이가 마음먹고 대변을 참기 시작하면 항문 감각이 사라질 정도로 대변을 쌓아둘 수 있습니다. 때문에 변비가 야기되고 이것을 '축적성 변비'라고 부릅니다.

　위와 같은 원인으로 생긴 아이들의 변비는 올바른 식습관 개선과 배변에 대한 의지를 심어주는 것이 변비 치료에 있어 무엇보다 중요합니다. 변비는 보통 1~2주 이내에 끝나지만 생활 습관을 고치지 않으면 장기간 지속될 수도 있습니다. 따라서 변비를 없애고 건강한 장 기능의 회복과 유지를 위해서는 무엇보다 생활 속에서부터 철저한 관리가 이뤄져야 할 것입니다.

2. 원활한 장 기능이 최선책

변비 치료는 단순히 대장의 대변을 제거하는 데 있는 것이 아닙니다. 변비 치료의 핵심은 장 기능이 제대로 이뤄질 수 있도록 균형을 이루는 데 있습니다. 한의학에서는 변비를 비와 위, 대장 기능의 조화가 이뤄지지 않음으로써 비롯된다고 봅니다.

즉, 비·위·대장에 열기가 충만하거나 기운의 흐름이 막혀 있는 경우, 대장이 냉한 경우, 비·위의 기능이 약해서 영양 성분을 제대로 흡수하지 못하거나 과도한 체력 소모로 대변을 배설할 힘이 부족한 경우 등이 변비를 일으키는 원인으로 작용합니다.

139

그 중에서 가장 흔한 변비는 위와 장에 열이 많아 생기는 경우입니다. 이것을 흔히 열로 인한 변비라 해서 '열비(熱秘)'라 하는데 매운 음식이나 약물 오남용으로 진액이 손상되는 것입니다. 열비는 몸에 열이 쌓여 대장이 건조해지는 특징이 있습니다. 따라서 열을 내려주고 진액을 보충하는 처방을 해주는데 '대황'이나 '알로에'같은 것으로 열을 내리게 합니다.

또 열이 대장에 있을 때는 '음허 변비'라 하여 음기가 허해져서 변비가 생겼다는 뜻으로 '허비(虛秘)'라고도 합니다. 허비의 가장 큰 특징은 진액이 마르고 대장 기능이 무력해지면서 생긴 만성 변비라 잘 낫지 않기 때문에 지방을 멀리하고, 섬유질이 많은 야채를 많이 먹으며, 적절한 운동으로 장기적으로 관리하는 것이 좋습니다. 주로 아이들보다는 산모나 기혈이 허한 노인, 과도한 운동과 당뇨 등으로 어른들에게서 잘 나타나는 변비입니다.

요즘 아이들에게서 가장 잘 나타나는 변비는 신경성에 의한 것입니다. 과도한 정신적 긴장과 스트레스, 운동 부족이 원인이 된 변비로 '기비(氣秘)'라 하며 기운이 잘 순환되지 못해서 생기는 변비입니다. 다른 말로는 '기체 변비'라고도 합니다.

기비(氣秘)는 아이들의 긴장과 스트레스로 인해 막혀 있는 기를 소통시켜주고 음혈을 보해주는 약재를 처방해주며, 장의 자극을 덜기 위해 부드러운 음식과 섬유질이 적은 음식을 먹도록 해줘야 합니다. 변비라고 해서 오히려 지방질이나 야채, 신맛 나는 과일을 먹으면 장 근육이 갑자기 수축해 증상을 심화시킬 수 있기 때문에 주의할 필요가 있습니다.

이 밖에 '냉비(冷秘)'라 하여 선천적으로 양기가 허약해서 찬 것을 많이 먹거나 잘못된 약물이나 음식을 먹어 뱃속이 차가워지면서 생기는 변비도 있습니다. 이런 변비는 한방 치료로 뱃속의 찬 기운을 몰아내고 양기를 살려서 신체 균형을 유지할 수 있도록 합니다.

변비가 있는 아이를 위해 평소 스트레스를 줄일 수 있는 생활환경을 만들어주고 규칙적인 습관을 깃도록 지도해야 합니다. 식사 시간은 규칙적인 시간에 정량을 먹도록 하고, 잠자리에 들기 전에는 음식을 삼가며 늦게 자는 습관을 없애도록 합니다.

아이가 규칙적인 생활을 하게 되면 장의 리듬을 일정하게 해줘서 활동하는 데 무리가 없게 되고 변비를 사전에 예방하는 데도 매우 효과적입니다. 또 아이의 식사를 준비할 때는 섬유질이 많은 음식과 수분을 섭취할 수 있도록 신경 쓰고, 걷기를 시키거나 배를 문지르는 마사지를 통해 장에 적당한 자극을 주어 장운동이 활발하게 되도록 도와줍니다.

그리고 무엇보다 배변 습관을 고쳐주는 것도 중요한데 아이가 변을 보고 싶을 때는 참지 않도록 해야 하고, 가장 여유로운 시간을 정해 같은 시각 10분 정도 화장실에 가는 습관을 길러주도록 합니다. 이때는 아이가 별로 배변 욕구가 없더라도 변기에 앉혀 아이의 욕구를 일깨워서 자연스럽게 몸이 의식하도록 하는 것이 중요합니다. 되도록 식사 직후나 아침 식전에 변기에 앉아 있도록 하고 아이를 맘껏 칭찬해주세요. 변기

에 앉은 아이를 칭찬해주는 것은 변비 때문에 생긴 화장실에 대한 두려움을 떨치고 변을 보는 일을 자연스럽게 유도하기 위해서입니다.

그 외 스스로 변비를 해결할 수도 없고, 표현할 수도 없는 영아들은 수유 양과 이유식을 잘 조절하고, 엄마가 대신 아이의 다리를 굽혔다 폈다를 반복해서 운동시켜 주어야 합니다. 그렇게 하면 장이 자극을 받아 활성화되고 배 마사지로 복근을 움직여주는 것이 좋습니다.

특히 예민한 아이들은 변비로 스트레스를 받기 쉽기 때문에 엄마가 등이나 배를 가볍게 쓰다듬는 스킨십으로 아이의 긴장을 풀어주고, 따뜻한 물로 목욕을 시켜 심신을 편안하게 하는 것도 좋은 방법입니다.

변비에 좋은 민간 요법

●● 배와 오이즙
배와 오이는 성질이 차서 '열비(熱秘)'에 좋다. 배와 오이를 1:1 비율로 같은 양을 갈아서 돌 지난 아이들은 수저로 떠먹이고, 돌이 되기 전의 아이들은 즙으로 먹인다. 배는 많이 먹어도 해가 없기 때문에 수시로 먹여 수분을 보충해준다.

●● 미역과 다시마물
해조류에 함유된 끈끈한 성분은 배변에 탁월한 효과가 있다. 따라서 미역이나 다시마를 우려내 차갑게 식힌 물을 아침에 아이에게 먹인다. 평소 이유식을 만들 때 해조류를 첨가하면 변비를 예방할 수 있다.

●● 찐 고구마
고구마는 일찍이 변비에 좋은 것으로 잘 알려진 식품이다. 배설을 촉진하는 식물성 섬유질과 비타민 B군

과 미네랄, 카로틴 등이 많이 들어 있어 영양가도 높다. 깨끗이 씻어서 찐 고구마를 아이가 먹기 편하게
한 입 크기로 잘라주면 된다.

●● **양배추, 시금치, 당근 주스**

이들 야채는 섬유질이 많이 함유하고 있어서 주스를 만들어 아이에게 먹이면 장의 활동을 활발하게 하여
도움이 된다. 하지만 기비(氣秘)의 아이들은 이들 음식을 피하는 것이 좋다.

●● **파슬리 이유식, 잣죽, 황기죽**

비타민 C가 풍부한 파슬리는 잘게 썰어 이유식에 섞어 먹이면 변비와 혈액순환을 촉진하는 데 효과가 있
다. 잣죽과 황기죽 역시 비위를 보강하고 원기를 돕는 강장 작용이 있어 아이에게 먹이면 좋다. 하루
10~20g 정도 쌀과 함께 죽을 만들어 먹인다.

●● **결명자차, 구기자차, 허브차**

이 차들을 분말로 만들어 아침저녁으로 공복에 물에 타서 마시면 효과가 있다. 젖먹이 아기는 그대로 먹
여도 좋고, 우유나 이유식에 타서 먹여도 좋다. 결명자는 반드시 찬물에 복용해야 효과가 있다. 또는 결명
자를 살짝 볶아 분말을 만들어 아침 저녁 공복에 찬물에 1g 정도 타서 먹이면 효과가 있다.

9.
스트레스로 심해지는 틱,
주의력결핍
과잉행동장애(ADHD)

사회 전반적으로 아이들의 정신 건강에 적신호가 켜지고 있습니다. 특별한 이유 없이 이상행동을 보이는 '틱 장애'와 '주의력결핍과잉행동장애' 아이들이 늘어나면서 부모의 관심과 걱정이 증폭되고 있습니다.

심지어 이것이 새로운 사회적 병리현상으로 지목되면서 미디어에 집중 조명된 두 질환은 학령기 아동의 5% 이상, 한 반에 한두 명은 앓고 있는 것으로 정신보건센터가 보고하고 있습니다. 이 정도의 수치라면 결코 낮은 비율이라고 볼 수 없는 질환입니다.

이처럼 행동장애 아동이 늘어나는 데는 아직도 뚜렷한 원인이 규명되지 않은 상태입니다. 반면에 증상은 확실히 드러나고 있어서 성장기 아이의 정서 발달에 악영향을 주고 있습니다. 이미 태어날 때부터 뇌신경 허약 상태인 아이에게 정서적으로 나쁜 영향을 미쳤기 때문에 두 질환이 나타났다고 보는 게 더 정확할 것입니다. 행동장애의 원인에 심리적인 요인이 가세된 상태에서 발병하는 것으로 보고 있기 때문입니다.

행동장애가 아이의 정서적 불안에서 시작됐다면 증세를 악화시키는 것은 주변의 오해와 편견에서 비롯됩니다. 행동장애에 대한 이해가 부족한 사람들은 아이의 행동을 질타하고 미워하기도 합니다. 자신의 의지와는 달리 돌출된 행동 때문에 천덕꾸러기로 전락한 아이는 마음의 상처가 클 수밖에 없습니다. 특히 이해받고 싶은 부모마저 이 같은 오해를 한다면 아이는 몇 배의 심적 고통을 껴안게 되고 증세가 악화될 수밖에 없습니다. 그렇게 되면 치유될 수 있는 질환도 어려울 뿐 아니라 기간도 길어질 수밖에 없습니다.

틱과 주의력결핍과잉행동장애는 부모와 선생님, 친구들과의 유착 관계와 환경이 중요하게 작용합니다. 그러므로 부모는 아이들의 행동장애에 대해 자세히 알아보고, 가슴으로 이해하며, 어떻게 치료에 도움을 줄 것인지에 대해 숙지하는 것이 치료에 중요합니다.

1. 심약한 아이에게 나타나는 '틱 장애'

틱 장애는 본인의 의지와 관계없이 얼굴이나 목, 어깨, 몸통 등의 신체 근육 일부가 빠르고 반복적으로 움직이거나 이상한 소리를 지르는 증상을 말합니다. 아이가 자꾸 눈을 깜빡이거나 어깨를 으쓱하고, 욕설과 같은 뜬금없는 말을 반복하는 경우에는 웬만해선 본인 스스로 멈출 수 없지만 의식적으로 노력하면 몇 분 동안 멈출 수도 있습니다. 정신분석학에 의하면 틱은 '억압된 분노'가 신체적으로 특정 행동을 통해 나타나는 것으로 대체로 틱 증상을 보이는 아이들은 초조하고 소심하며 감수성이 예민하고 과도한 야망과 욕구 불만을 가진 아이에게서 많은 것으로 보고되고 있습니다. 마찬가지로 한의학에서도 틱은 간과 심장 또는 비장의 문제와 관련이 있어서 흔히 '심약한 아이'에게 많이 나타나는 것으로 보고 있습니다. 거기에 '담음(痰飮)'이라는 병인이 결합돼 틱 장애가 나타납니다.

한방에서 간은 근육과 떨림을 조절하는데 간의 기운이 허하고 흐름이 원활하지 못하면 틱이 발생할 수 있습니다. 틱 장애를 가지고 있는 아이들은 대개 마음이 여리고 낯선 장소와 사람을 겁내며, 환경에 적응하는데 어려움을 겪는 경우가 많습니다. 겁이 많아서 엄마와 떨어지는 상황에는 과민하게 반응하고 불안해하며 산만한 행동을 하는 경우도 많습니다. 틱 장애의 근본적인 원인은 정확히 밝혀지지 않았지만 자폐적 성격과 유전적인 성향이 복합적으로 작용하여 나타나는 것으로 추정하고 있습니다. 가족 중에 틱 장애나 강박장애와 같은 유사한 질환을 가진 경우 뇌의 구조적 이상이나 기능적 이상, 출산 과정에서의 뇌 손상, 뇌의 염증 등에 의해 생기는 것으로 추정하고 있습니다. 또 산모가 심한 스트레스를 가진 경우, 특히 남자아이에게서 많이 나타난다는 점을 토대로 남성호르몬과의 연관성이 틱의 기질적인 원인으로 추정되기도 합니다. 또한 서양의학 임상가(양의사)들은 틱 장애의 사람들에게 뇌신경전달물질인 도파민의 과잉 활성화를 근거로 약을 처방하고 있는데 이는 일시적인 효과에 그칠 뿐 근본적인 치료에 미치지 못하는 치료입니다.

그리고 틱 증상이 스트레스에 민감하다는 것을 들어 심리적인 요인도 틱을 일으키거나 틱을 자극하는 것으로 드러났습니다. 초등학교 저학년 아이들은 학습과 단체생활에서 오는 환경적인 요인도 틱 증상을 악화시키는 위험 요인이 되고 있습니다.

여러 원인들의 복합적인 작용에 의해 틱 증상이 갑자기 나타나는 틱은 증상에 따라 '근육 틱'과 '음성 틱'으로 나뉘며 각각 단순형과 복합형으로 구분됩니다.

단순 근육 틱은 눈, 코, 얼굴, 목 등을 움찔거리는 행동입니다. 눈을 깜빡거리거나 코를 씰룩거리고, 머리나 턱을 끄덕이거나 한 쪽으로 돌리고, 어깨를 들썩이는 것입니다. 또 입이나 혀를 내밀거나 입술을 자주 핥고, 심한 경우에는 팔과 다리, 몸통을 마구 흔들어댑니다. 한 쪽 다리를 덜덜 떠는 것도 틱이나 하지불안증을 의심할 수 있습니다.

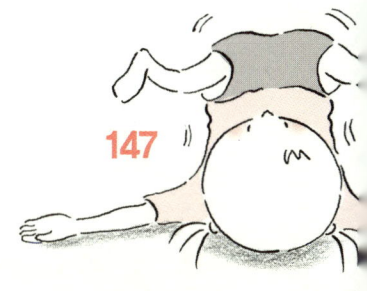

복합 근육 틱은 스스로를 때리거나 제자리에서 뛰어오르기, 다른 사람이나 물건을 만지기, 물건을 던지는 행동, 남의 행동 모방하기, 자신의 손 냄새를 맡거나 성기 부위를 만지는 행동들을 합니다.

단순 음성 틱은 큭큭, 푸푸, 음음, 쿵쿵거리기, 기침 소리, 침 뱉는 소리, 코를 훌쩍거리는 소리, 빠는 소리 등을 내며 복합 음성 틱은 좀 더 자극적인 말을 내뱉습니다. 주로 "옳아", "다시 말해", "입 닥쳐", "그만해" 등의 반향 언어와 상스러운 욕을 하는 외설증의 형태로 표현됩니다. 또한 사회적인 상황과 관계없는 단어를 말하고 남의 말을 계속 따라하기도 합니다.

우선 아이의 단순 틱이 4개월 이상 지속된다면 빨리 전문가의 치료를 받아야 합니다. 한번 시작된 틱은 만성화될 수 있고 복합 틱으로 발전할 수 있기 때문입니다. 틱은 전체 아동의 10~20%가 나타날 정도로 매우 흔합니다. 그러나 이들 모두 만성 틱 장애는 아니고 일시적으로 심리적인 충격을 받을 때 보이는 경우가 많습니다. 이런 경우에는 대부분 1~2주만 지나면 사라지고 특별한 치료를 받기보다는 아이의 스트레스를 유발하는 환경을 개선해주려는 노력이 필요합니다.

뚜렛장애 ─ ─ ─ ─ ─ ─ ─ ─ ─ ─ ─ ─ ─ ─ ─ ─ ─

뚜렛장애는 근육 틱과 음성 틱이 1년 이상 지속된 경우를 말한다. 평균 발병 연령은 7세이나 빠르면 2세에도 나타나고 18세 이전에 발생되기도 한다. 남자아이가 여자아이의 3배 정도 더 높게 나타나며 초기 증상은 얼굴과 목에서 나타나 점차 신체 하부로 이동하면서 틱이 나타난다. 보통 한 부위의 틱이 심했다 덜 해지면 다른 부위의 틱이 새로 나타나거나 악화하는 형태로 반복된다. 뚜렛장애는 치료받지 않으면 평생 나타나기도 하며, 호전과 악화가 반복돼 다른 정서적인 장애를 유발하게 된다.

2. 틱 장애는 주변인들의 공조기 절실하다

한의학에서의 틱 치료는 심장과 간, 그리고 비장을 강화시켜 신경을 튼튼하게 하는 방법을 쓰고 있습니다. 한의학에서 심장은 뇌신경을 주로 의미하는데 뇌신경을 안정시키고 튼튼하게 합니다. 틱은 대부분 심할 때와 그리 심하지 않을 때의 주기가 있어 심하지 않으면 치료가 된 줄 알고 치료를 중단하는 경우가 있습니다. 또한 치료를 하다가도 증상이 심해질 수도 있습니다.

간은 정신적인 측면으로 아이의 불만이나 억압된 분노와 같은 이상행동이나 과다행동이 간장의 '화'로 오는 경우가 대부분입니다. 비장은 생각을 주관하는 장기로 소화기계를 의미하며, 속이 편해야 마음도 안정되므로 비장의 기능 역시 중요하게 여겨지고 있습니다. 따라서 한방은 심장과 간, 비장의 기운을 강화시키는 한약을 처방하고 체질과 증상에 따라 여러 가지 요법을 병행하여 근본적인 치료를 합니다.

무엇보다 틱 장애의 치료는 생활에서 심리적인 안정을 찾을 수 있도록

가족 구성원들의 도움이 절실합니다. 특히 가족 구성원들은 틱에 대한 올바른 이해로 아이가 편안한 마음으로 틱을 잊도록 해주며, 아이가 생활하는 모든 공간 구성원들에게 틱을 알리고 대처 방법을 배우고, 도움을 청해야 합니다.

일단 틱 장애를 가지고 있는 아이들은 자괴감과 강박감이 매우 큽니다. 사회활동을 배우게 되는 초등학생 틱 장애 아이들은 일반 아이들과 다른 자신의 행동을 깨닫고 스트레스를 받기도 합니다. 또한 주변 사람들의 시선 때문에 스트레스는 가중되며, 이때는 행동을 의식해도 절제가 되지 않습니다. 따라서 틱은 틱을 의식하게 되면 점점 병세가 나빠집니다. 틱 장애를 치료하기 위해서는 먼저 주변 사람들이 아이의 틱을 의식하지 않고 무관심해져야 합니다. 아이의 틱은 부모가 신경 쓰게 되면 오히려 오래갈 수 있습니다. 아이의 대부분은 일시적인 틱이기 때문에 부모가 지나치게 예민하게 반응하지 말고, 아이가 틱 증상에 관심을 가질 만한 어떤 이야기도 해서는 안 됩니다. 엄마가 틱에 대한 걱정을 하지 말아야 아이도 스트레스를 받지 않고 자연스럽게 틱을 멈출 수 있습니다. 아이의 대인관계나 학교, 학원 생활로 인해 스트레스를 받고 있지는 않은지를 체크하고 불편한 원인이 있다면 해결해줘야 합니다. 아이가 싫어하는 것을 강요해서도 안 되며, 한 박자 늦춰서 여유를 가지고 휴식을 취하게 하는 것이 아이의 안정에 매우 중요합니다.

간혹 부모가 아이의 틱 장애를 악화시키는 경우가 있습니다. 틱에 대한 이해가 부족해 아이를 야단치는 행동이 그렇습니다. 부모는 아이의 이상행동을 지적하고 꾸짖으면 틱이 멈출 것이라고 생각하는데 전혀 그렇지 않습니다. 오히려 꾸중이나 야단은 아이에게 스트레스를 만들어 일시적인 틱을 영구적으로 만드는 결과를 초래합니다.

틱은 아이의 의도와 전혀 상관없고 아이 스스로도 원치 않는 행동입니다. 그렇기 때문에 부모는 그로 인해 아이가 오해하지 않고 자극받지 않도록 하는 것이 바람직합니다. 틱 장애는 적절힌 치료와 편안한 주변 환경을 통해 충분히 개선되고 치료될 수 있는 질환입니다. 부모가 아이의 틱을 이해하고 의연하게 받아주는 마음으로 대한다면 틱은 반드시 치료될 수 있습니다.

3. 주의력결핍과잉행동장애(ADHD)

집중력이 부족하고 산만하고 부산스러운데 '혹시 내 아이가 주의력결핍과잉행동장애(ADHD)는 아닐까?' 하고 고민하는 부모들이 늘고 있습니다. 하지만 아이가 산만하고 부산스럽다고 해서 모두 ADHD는 아닙니다. 원래 기질적으로 그렇게 타고난 아이도 있기 마련이니까요. 그러나 아이의 행동이 주의력결핍과잉행동장애는 아닌지 자세히 확인할 필요도 있습니다.

주의력결핍과잉행동장애를 판단하는 기준은 다음과 같습니다. 각 항목을 살펴보고 6개 이상의 항목이 일치하면 주의력결핍과잉행동장애일 수 있으므로 치료해주는 것이 좋습니다.

▶ 주의력 결핍(Inattentive)의 진단 기준

(1) 부주의로 실수를 잘함

(2) 집중을 오래 유지하지 못함

(3) 다른 사람 말을 경청하지 못함

(4) 과제나 시킨 일을 끝까지 완수하지 못함

(5) 계획을 세워 체계적으로 하는 것을 어려워함

(6) 지속적 정신 집중을 필요로 하는 공부, 숙제 등을 싫어하거나 회피하려 함

(7) 필요한 물건을 자주 잃어버림

(8) 외부 자극에 쉽게 정신을 빼앗김

(9) 일상적으로 해야 할 일을 자주 잊어버림

〈※ 9개 중 최소 6개 이상이어야 함〉

▶ 과잉행동/충동성(Hyperactive-Impulsive)의 진단 기준

(1) 손발을 가만히 두지 못하고 앉은 자리에서 계속 꼼지락거림

(2) 제자리에 있어야 할 때 마음대로 자리를 뜸

(3) 안절부절 못하거나 가만히 있지 못함

(4) 집중하지 못하거나 활동에 조용히 참여하지 못함

(5) 끊임없이 움직이며 마치 모터가 달린 것처럼 행동함

(6) 지나치게 말을 많이 함

(7) 질문이 끝나기 전에 불쑥 대답함

(8) 차례를 못 기다림

(9) 다른 사람의 활동에 끼어들거나 방해함

〈※ 9개 중 최소 6개 이상이어야 함〉

주의력결핍과잉행동장애는 과잉 운동, 집중력 결핍, 충동성 등 세 가지 증상을 특징으로 나타나는 소아정신과적 질환입니다. 주로 취학 전 아동과 초등학생에서 발생하며 남아가 여아보다 3배 높은 발병률을 보이고 있습니다.

주의력결핍과잉행동장애의 아이들은 한 곳에 가만히 있지 못하고 이리저리 돌아다니며 쉴 새 없이 움직이고, 한 가지 일에 집중하는 시간이 짧아 쉽게 포기하며, 주의력이 부족하여 정신이 산만합니다. 게다가 생각 없이 행동하고 조급해하며 계속 충동적인 행동을 보여 부모와 주변인을 당황하게 만듭니다. 더욱이 행동이 지나치다 보면 반항적이고 공격적인 성향이 나타나 욕구 불만을 그대로 표출하기도 합니다. 그래서 주의력결핍과잉행동장애를 앓고 있는 아이를 대할 때는 매우 까다로울

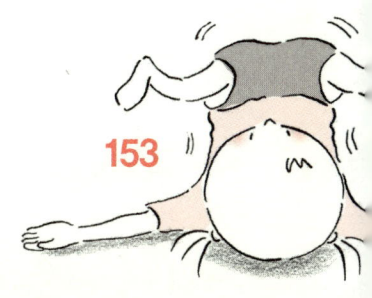

수밖에 없고 한시도 눈을 뗄 수 없습니다.

대부분의 주의력결핍과잉행동장애 아이는 놀이방이나 유치원 또는 학교에서 억울하게 천덕꾸러기 취급을 받기도 합니다. 산만하고 눈치 없는 행동을 하고 늘 자신을 보호하려는 성향이 강해서 거짓말과 독선적인 모습을 보이게 됩니다. 게다가 충동적인 성향도 강해서 본의 아니게 주변에 피해를 주고 미움을 받기도 합니다.

행동장애 아이들은 일반 아이들보다 지능이 낮은 편은 아닌데 집중력과 주의력이 떨어지다 보니 자연히 학업 성적도 좋지 않고 정상적인 인간관계를 맺기 어렵습니다. 때문에 일상생활의 불만이 많아지고 욕구가 만족되지 않을 때는 폭발하여 자칫 충동적인 범죄를 저지르는 비행 소년이 될 수도 있습니다. 따라서 주의력결핍과잉행동장애는 반드시 조기에 적극적으로 치료를 받도록 해야 합니다.

4. ADHD는 사회생활에 익숙해지는 과정

양기가 넘치는 아이들은 음기가 부족해져 행동 장애를 유발하는 경우가 높습니다. 음기는 차가운 기운으로 응집하는 특징이 있고, 양기는 뜨거운 기운으로 발산하여 퍼지는 특징이 있습니다.

따라서 한의학에서 음기가 부족해서 뭉치고 다져주는 작용을 하지 못해 '주의력 결핍'이 나타나고, 뜨거운 기운인 '화'를 제어하는 찬 기운이 없어서 과하게 행동하는 '과잉행동장애'가 나타나는 것입니다.

이러한 음기 부족의 원인은 틱 장애와 마찬가지로 간과 심, 비의 허실에 관점을 두고 아이의 체질에 따라 한방 요법을 시행합니다. 그리고 이에 맞는 행동수정 요법과 사회기술 훈련 등의 생활 지도로 질병 완화에 효과를 주고 있습니다.

일단 아이들에게 행동수정 요법을 시행하기 전에 부모는 일관성 있는 태도를 갖추는 것이 필요합니다. 가정에서 흔히 볼 수 있는 상황으로 아이가 잘못하면 엄마는 혼내고 아빠는 주로 아이를 감싸는 경우가 있습니다. 이런 행동은 아이가 자신의 잘못을 혼동해 시비를 가리지 못하는 경우가 발생합니다. 그럴 때는 아이의 행동에 수정을 요구하기가 상당히 어려워집니다.

따라서 부모가 서로 충분한 대화를 나누고 아이의 여러 가지 행동 중에서 건강을 해치거나 사회성을 해치는 한두 가지 정도를 골라 일관된 태도로 고치게끔 해주어야 합니다.

그리고 본격적으로 행동수정 요법을 시행할 때는 감정적으로 지시하지 말고 차분하고 안정된 분위기에서 한 가지씩 간단하게 지시하며, 반드시 아이가 지시사항을 이해했는지 알아야 합니다.

다시 한 번 아이에게 지시사항을 말해보도록 하면 아이가 그것에 대해 정확히 인지했는지를 확인할 수 있습니다.

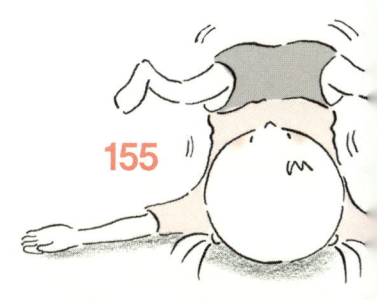

주의력이 약한 아이들은 금방 엄마의 말을 듣고도 잊어버리고 어긋난 행동을 하게 됩니다. 이때 부모가 아이의 행동을 지적하거나 혼내는 행동을 피하고 대신, 약속을 기억하고 있을 때나 약속을 지키려는 노력을 보일 때 칭찬해주는 것이 좋습니다. 그리고 칭찬할 때는 작은 것이라도 크게 칭찬해 아이에게 자신감을 불어넣고, 격려를 통해 아이가 엄마의 믿음을 느낄 수 있도록 해주는 것이 좋습니다.

또 아이와 협의해 규칙적인 생활을 할 수 있도록 시간표를 짜기도 해야 합니다. 자신의 성향에 맞춰진 계획표는 아이의 행동을 체계적으로 잡아주는 역할을 하여 주의력 향상이나 행동 절제에 도움을 줍니다.

주의력결핍과잉행동장애 아이들은 산만하기 때문에 신체 활동에 있어서도 정적인 것보다는 동적인 운동을 위주로 안정과 집중력을 기르는 훈련을 시켜야 합니다. 그리고 단체 활동을 적극적으로 유도하여 사회생활에 익숙해지는 과정을 배워나갈 수 있도록 환경을 만들어주는 것도 중요합니다.

이 밖에 부모들이 고쳐야 할 것도 있습니다. 주의력결핍과잉행동장애 아이를 키우는 부모는 여러모로 어려움을 겪기 마련입니다. 그렇기 때문에 아이의 장애로 인해 좌절하고 죄책감을 느껴 자괴감에 빠질 수도 있습니다. 부모가 이렇게 불안한 마음으로 아이를 대한다면 오히려 아이의 불안을 가중시켜 결과적으로 병을 악화시키게 됩니다.

그러므로 아이의 주의력결핍과잉행동장애를 치료받을 때 부모 자신도 정서적인 안정을 찾고, 유지할 수 있도록 전문가의 도움을 받는 것도 중요합니다. 부모가 심리적으로 안정되면 그만큼 아이들도 안정돼 치료에 빠른 효과를 거둘 수 있습니다.

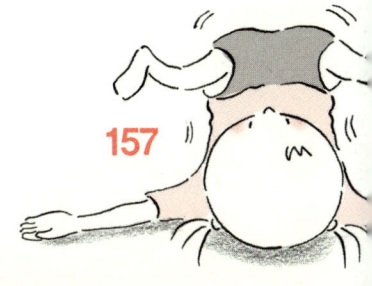

10.
아이의 성장을 막는
수면 장애

아이의 성장은 대부분 밤에 잠을 자면서 이뤄집니다. 성장호르몬의 80% 정도는 수면 중에 분비되며, 주로 밤 10시에서 새벽 2시까지 가장 많이 분비됩니다. 게다가 깊은 숙면을 이뤄야만 성장호르몬 분비를 촉진할 수 있습니다. 자주 깨거나 꿈을 많이 꾼다거나 하는 얕은 수면은 성장호르몬의 분비를 저하시킵니다. 더욱이 아이가 제대로 잠을 이루지 못한다면 성장호르몬의 저하로 또래에 비해 성장 발육이 느려지는 것은 당연합니다. 아이의 건강한 성장을 바라는 부모라면 아이의 수면 장애는 반드시 치료해줘야 합니다.

아이들의 수면 장애는 매우 흔합니다. 잠이 쉽게 들지 않아 20~30분 동안 뒤척이거나, 잠꼬대를 하거나, 몽유병처럼 자다가 일어나서 서성이거나, 자다가 갑자기 깨서 운다거나, 공포에 질려 있고 이유 없이 밤에 자지 않고 뒤척이거나, 수면 중 한 번 깨면 다시 잠들기 어려운 경우입니다. 영유아는 물론 학령기 아동에 이르기까지 흔히 나타나는 증상입니다. 이렇게 일시적 혹은 지속적으로 수면 장애를 겪으면 밤낮이 바뀌는 후유증이 생기기도 하고 성장 부진은 물론 육체적인 피로끼지 누적됩니다. 게다가 잠을 제대로 자지 못한 아이들은 짜증이 심하고 화를 잘 내 정서적으로 불안하고 뇌 활동이 활발하지 못해서 집중력과 주의력, 기억력, 창조력의 저하를 초래하기도 합니다.

특히 수면 장애 아이들은 정기와 진액이 부족해 기력이 쇠하고 면역력이 떨어져서 또 다른 질병을 불러오거나 가벼운 질환에도 크게 앓기도 합니다. 때문에 아이의 수면 장애가 몸의 어떤 질병의 문제인지, 정신과적 문제인지 또다른 문제인지를 살피고 그 원인을 파악하여 대처하는 것이 바람직합니다.

한의학에서는 수면 장애의 원인을 다섯 가지로 보고 있습니다. 과도한 스트레스로 인해 울체를 풀지 못하여 심장(뇌신경을 의미)이나 비장(소화기를 의미) 기운이 방해를 받을 경우, 과로나 병을 앓은 후 기혈 부족으로 인한 심장의 허증, 낮 동안의 지나친 체력 소모로 음허(陰虛)해서 오는 심장의 허열, 평소 심장이나 담(膽)이 허한 상태에서 정신적 충격을 받았을

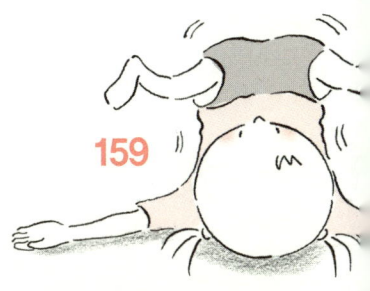

159

때, 기가 울체돼 담이 생성됐을 때 나타납니다.

　주로 영아기 때의 아이는 까다로운 성격에서 오는 경우가 많고, 유아기는 부모와의 유착관계에서 오는 불안, 학동기는 현상에 대한 공포와 두려움 때문이라고 할 수 있습니다. 수면 장애는 대표적인 증상별로 야경증, 야제증, 불면증 등의 종류가 있으며 각각 특징별로 증상이 다르게 나타나며 치료에도 차이를 보입니다.

1. 몽유병과 관련 있는 야경증

야경증은 아이가 수면 중에 갑자기 소리를 지르며 일어나서 심한 공포로 방안을 왔다 갔다 하거나, 목적 없이 무엇인가를 잡으려는 행동을 보이는 것을 말합니다. 아이의 이런 행동은 몽유병과도 관계가 깊다고 할 수 있습니다. 야경증으로 깨어난 아이를 보면 무서움과 공포로 동공이 확장된 상태이고 맥박이 빨라지며, 멍한 채로 식은땀을 흘리고, 계속 숨을 몰아쉽니다. 옆에서 부모가 달래도 전혀 반응이 없다가 몇 분이 지나면 다시 잠이 들어버리고, 아침에 일어나면 그 일에 대해 전혀 기억하지 못하는 것이 특징입니다. 주로 4~12세 아이들에게 많이 나타납니다. 야경증의 원인은 피로, 심적 스트레스, 열병, 수면 부족과 뇌의 수면 구조가 아직 성숙되지 않은 것과 관련이 있다고 하지만 정확하지 않습니다.

2. 잠자리에 드는 올바른 습관

야경증은 아이가 자라면서 대개 저절로 낫기도 하기 때문에 가족이 지나치게 불안해 할 필요는 없습니다. 며칠 두고 봐서 증상이 사라지면 모르지만 몇 개월 계속된다면 반드시 치료를 받아야 합니다. 일단 아이의 야경증으로 인해 부모가 놀라거나 당황해 하지 말아야 하며 아이를 야단치거나 억지로 깨우려는 행동도 하지 말아야 합니다. 또 야경증으로 깨어난 아이는 몽유병과 같은 무의식적인 행동으로 다칠 염려가 있으니 주변에 위험 요소를 제거하고, 낮 시간 동안 지나친 활동을 하지 않도록 주의를 주는 것이 좋습니다.

또 공포영화 등 TV를 통해 무서운 것을 보게 하거나 무서운 이야기를 듣지 않도록 해야 하며 자극적인 말은 차단해야 합니다. 간혹 부모들은 아이가 주변에 있어도 지나친 말을 하거나 언성을 높이는 경우가 있습니다. 특히 부부싸움과 같은 장면을 목격했을 때 아이는 무의식적으로 부모의 행동과 말을 담아두었다가 야경증의 원인으로 작용하기도 합니다. 때문에 평소 아이가 옆에 있을 때는 언행을 조심하며 심리적으로 안정될 수 있도록 가정환경을 만들어주는 것이 바람직합니다. 저녁 식사는 소화에 부담이 없는 것으로 소량을 먹이고 잠들기 전에는 꼭 소변을 보게 해서 방광을 비우게 한 후 잠자리에 드는 습관을 들이도록 해주세요.

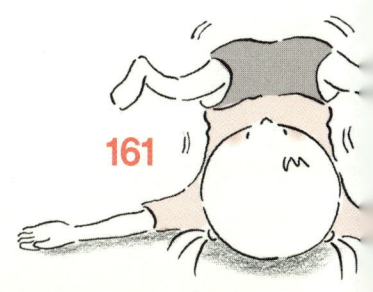

3. 밤에 울고 보채는 야제증

야제증은 아이가 밤에 깊은 잠을 자지 못하고 자다가 일어나 울고 보채는 증상을 말합니다. 대개 신생아들은 밤낮을 구분하지 못하기 때문에 배가 고프거나 주변 환경에 예민하게 반응해 자주 깨고 보채는 것은 자연스러운 현상입니다. 그래서 영아들의 경우에는 생후 5~6개월이 지나도 밤에 울고 보채는 증상이 지속되면 비로소 야제증으로 진단합니다. 심한 아이의 경우에는 2~3살까지 야제증이 장기간 지속되는 경우도 있습니다.

야제증은 흔히 소아의 수면을 관장하는 뇌신경이 미숙해서 나타나는 것으로 야경증과 같이 원인이 불분명하고 성장하면서 자연치유되는 일시적인 증상으로 봅니다. 그러나 한의학에서는 선천적으로 뇌신경(한방에서는 심장이라고 함)이 약하게 태어난 아이가 낯선 사람이나 물체에 놀라서 생기는 경우가 많다고 봅니다.

4. 심신을 안정시키는 한방 치료

야제증이 있는 아이는 심약(뇌신경허약)해서 잘 놀라고 스트레스를 많이 받습니다. 이런 아이들은 낯선 물건이나 사람을 만날 때 놀랄 수도 있고, 높은 곳에서 떨어진다거나 주사를 맞거나 하는 등 생소한 경험도 아이가 놀라서 야제증이 생기기도 합니다. 되도록 야제증이 있는 아이들은 놀라는 일 없게 편안한 분위기를 만들어줘야 하며, 혹시 놀라는 일이 생겼다면 다독여서 심신을 안정시켜야 합니다.

아이가 잘 놀라는 근본 원인은 뇌신경(심장)의 허약에 있습니다. 특히 심약하다는 말처럼 심장에 열이 많고, 비위가 허약하면 야제증이 생깁니다. 이런 경우에는 심장에 열을 내리고 비위를 보해 심신이 안정될 수 있도록 한방 치료를 하는 것이 효과적입니다.

5. 불면증과 밤낮 바뀜의 원인

아이를 키우다 보면 밤에 잠을 자지 않고 오히려 눈을 말똥말똥 뜨고 놀아달라고 떼를 쓰고, 겨우 달래서 재우면 시간이 벌써 새벽녘을 훌쩍 지나간 경험이 있을 겁니다. 불면으로 밤낮이 바뀐 아이들은 부모 또한 지치고 피곤하게 만듭니다. 한창 잠이 많은 영아들이 이렇게 밤에 잠들지 못하는 원인은 무엇일까요?

아이가 특별히 질병이 있는 것도 아니고, 잠을 못 자게 만드는 환경이 아닌데도 불면으로 밤낮이 바뀐 것은 분명히 문제라고 봐야 합니다. 『동의보감』에서 불면의 원인은 심(뇌신경을 주로 의미) 기능과 밀접한 관련이 있다고 적고 있습니다. 심이 실하면 근심하거나 놀라거나 괴상한 꿈을

163

많이 꾼다고 했고, 반대로 심이 허하면 혼백이 들떠 복잡한 꿈을 많이 꾼다고 했습니다. 그러므로 심의 음양 부조화가 불면을 유발하는 근본적인 문제라 할 수 있습니다. 즉, 심에 의한 아이의 허약으로 불면하게 되는 것입니다.

아이의 심약을 유발하여 불면을 만드는 원인은 여러 가지가 있습니다. 『동의보감』에서 밝히는 불면의 첫째 원인은 속이 냉하기 때문입니다. 속이 냉하면 배와 손발이 차갑고 배가 아픈 증상이 나타나며, 얼굴이 푸르스름하거나 창백합니다. 이는 평소 아이의 양 기운이 부족해 밤의 음 기운으로 몸이 차가워져 잠을 제대로 이룰 수 없게 됩니다.

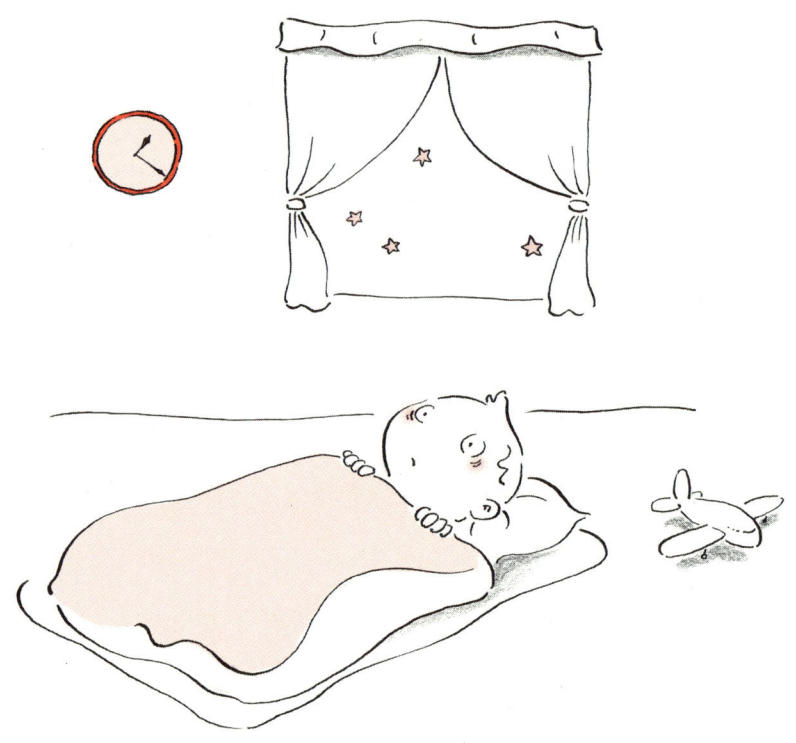

둘째는 병적인 속열이 있어서 이불을 걷어차고, 속이 답답하고, 땀을 흘리고, 울면서 잠들지 못하는 경우입니다. 속열이 있는 아이는 배가 따뜻하고 얼굴이 불그스레하며 소변 색 역시 농축되어 진하며 양도 적습니다.

셋째, 입이 헐어서 음식을 잘 먹지 못하는 경우나 음식이 맞지 않은 경우일 수도 있고, 낮에 무언가에 놀랐을 때입니다. 사람, 소리, 차고 뜨거운 기운 등으로 놀라면 밤에 자지 않고 보채게 됩니다. 불면증 치료는 허약한 장기를 보강해주고 열을 내려 아이의 신체의 균형을 이루도록 다스리는 것이 한방의 치료 방법이며, 자극적인 것을 피해 안정을 찾을 수 있도록 해주는 것이 불면증 치료에 많은 도움이 될 수 있습니다.

6. 잠을 잘 자는 방법

예부터 잠을 잘 자게 하는 방법은 여러 가지가 있습니다. 우선 영유아의 경우 불면의 원인이 모유 양이나 음식 양에 있다면 식사 때 충분히 먹이도록 하고, 따뜻한 물에 목욕이나 샤워를 시켜 혈액순환을 원활하게 해줍니다. 조용한 분위기에서 엄마가 편안하게 노래를 불러주며 가볍게 목욕을 시키면 아이의 심신 안정에 도움이 되고 숙면도 할 수 있게 됩니다. 갓난아기라고 해서 옷을 너무 두껍게 입히지 말고 되도록 얇게 입힌

상태에서 손과 발은 노출시켜 시원하게 해주는 것이 좋습니다. 여름에는 배만 얇은 타월로 살짝 덮어 재우면 편안하게 잠들 수 있습니다.

아이의 하루 활동량과 적절한 수면량을 고려해서 규칙적으로 자고 일어나는 습관을 들이고, 낮잠을 재우지 않고 아이와 같이 놀아주는 것이 좋습니다. 게다가 규칙적으로 운동을 하되 자기 직전에는 운동을 피해야 합니다. 이불과 요는 햇볕에 자주 말려주고, 베개는 높지 않게, 삼베 등의 재질로 된 시원한 것을 사용해 그 밑에 마른 국화를 넣어두면 향기 요법으로 숙면에 도움을 줄 수 있습니다.

또, 인공조미료가 함유된 음식이나 인공조미료를 넣고 요리하는 것을 피하고 자극적인 맛(신맛, 짠맛, 매운맛)과 탄산음료를 적게 먹입니다. 불면증에는 주로 오이, 현미, 보리, 배, 율무, 다시마, 잣, 밤, 달래, 상추 등과 같은 음식들이 도움을 주며, 잠들기 전 아이들에게 따뜻한 우유를 마시게 하는 것도 혈액순환을 도와 불면증 해소에 도움이 됩니다.

수면 장애에 좋은 효과적인 민간 요법 ━ ━ ━ ━ ━ ━ ━ ━ ━

●● **까치콩**

까치콩과 대추는 신경을 안정시키는 효과가 있다. 까치콩을 볶아서 가루로 만든 뒤 1회 4g씩 대추차와 함께 먹인다.

●● 귤껍질 달인 물

귤껍질에는 진정 작용과 해열 작용에 좋은 성분이 들어 있다. 아이가 밤에 불안해하며 보채고 울 때 효과가 있다. 귤껍질에 물을 넣고 물이 반으로 줄어들 때까지 달여서 그 물을 먹인다.

●● 인동덩굴 · 복령 · 택사

인동덩굴을 푹 달여서 그 물에 분유를 타서 먹이면 위의 열을 풀어준다. 복령과 택사를 달인 물에 분유를 타서 먹여도 좋으며, 기혈 순환이 원활해진다.

●● 해바라기대

해바라기대를 10g 정도 달여서 수시로 먹이면 뱃속이 편해지면서 숙면할 수 있다.

수면 장애 해소를 돕는 엄마의 생활 가이드

1) 아이가 있을 때는 텔레비전이나 오디오 소리가 갑자기 커지지 않게 주의한다.
2) 폭력적이고 무서운 비디오나 화면을 보지 않게 한다.
3) 아이들과 지나친 장난을 하지 않도록 신경 쓴다.
4) 가끔씩 태교 음악이나 아이에게 익숙한 음악을 틀어주는 것도 좋다.
5) 아이가 잠잘 때 실내 불빛은 너무 환하게 하지 말고 은은하게 해준다.
6) 호흡기가 좋지 않은 아이들은 실내 습도와 온도를 알맞게 조절해준다.
7) 감초와 보리차, 대추를 함께 넣고 달여 먹으면 예방에 좋다.
8) 자기 전에 기혈 순환이 잘 되도록 마사지를 5분 정도 해주는 것이 좋다.

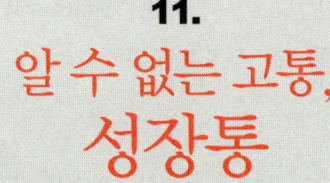

11.
알 수 없는 고통,
성장통

> **간혹 성장기의 아이들은** 이유 없이 팔다리의 통증을 호소하는 경우가 있습니다. 보통 4~10세의 아동이 특별한 이상 없이 주로 밤에 통증을 호소하면 대개는 '성장통'이 원인일 수 있습니다.

성장통은 특별한 이유 없이 양쪽 무릎, 정강이, 허벅지, 팔 등이 아픈 것을 말합니다. 성장기 아이들의 약 10~20% 정도가 성장통을 경험하고, 여자아이보다는 활동이 많은 남자아이에게 많이 나타나는 것으로 알려져 있습니다. 아이들에게 성장통이 생기는 이유는 명확히 알려져 있지는 않지만 대략 몇 가지로 추정되고 있습니다.

첫째는 성장기 아이들의 빠른 뼈 성장 때문에 힘줄이나 근육이 땅겨서 느껴지는 통증입니다. 이는 뼈에 부착된 근육과 힘줄이 뼈의 빠른 성장 속도를 따라가지 못해서 오는 경우입니다.

두 번째는 과도한 운동이 원인일 수 있습니다. 뼈를 자라게 하는 성장 판이 과도한 운동으로 충격을 받거나 과다하게 사용된 경우 뼈 주위 조직이 약간 부어 통증을 유발합니다. 성장기 때의 아이들은 활동량이 한창 많은 시기여서 운동 중 발생한 노폐물의 일종인 유산(젖산)이 근육에 쌓여 통증을 일으킬 수도 있습니다.

이때의 성장통은 어른의 몸살과 비슷한 증상으로 으슬으슬하고 근육통이 심하게 나타납니다. 혹시 아이가 밤에 성장통을 호소하면 전날 무리하게 운동이나 활동을 하지 않았는지 체크해볼 필요가 있습니다.

세 번째로 성장하면서 뼈를 싸고 있는 골막이 늘어나 주위 신경을 자극해 통증이 생긴다는 견해도 있고, 일부 학자들은 스트레스가 성장통의 원인이라고 주장하기도 합니다. 그 외에 비만아의 경우에는 기혈 순환이 방해를 받거나 과중한 체중으로 다리나 관절이 견디지 못해 통증이 올 수도 있습니다. 책상에 앉아서 공부하는 학생들의 경우에는 주로 허리 통증을 호소하게 됩니다. 갑자기 키가 커지는 바람에 허리 근육이 약해진데다 장시간 책상에 앉아 있다 보니 허리에 부담을 줘 무리가 올 수도 있습니다.

흔히 어른들은 아이가 성장통을 호소하면 "키가 크려고 그런다."고 말

169

하곤 합니다. 하지만 성장통은 키가 커지려고 발생하는 것이 아니라 이미 성장하고 있기 때문에 성장통이 생긴다는 표현이 맞습니다. 더 정확히 말하면 성장기의 아이가 성장을 하면서 어떤 요인에 의해 조화로운 발육이 이뤄지지 않아 발생되는 것입니다. 그렇기 때문에 키가 크려고 하는 것과는 다른 의미입니다.

오히려 성장통이 심하면 통증에 의해 생체 리듬이 흐트러지고 저하되기 때문에 성장호르몬 분비량이 줄어들게 됩니다. 따라서 성장통이 있어야 잘 크는 것이 아니며 도리어 성장을 방해할 수도 있습니다. 성장통 역시 아이에게 고통을 주는 질환이므로 치료되어야 하며, 잘못을 바로잡아 정상적이고 건강한 발육이 이뤄지도록 도와주어야 합니다.

성장통 체크리스트

(1) 통증은 팔다리에 집중적으로 나타난다.
(2) 주로 저녁에 통증이 나타나서 새벽에는 사라진다.
(3) 통증의 지속 시간은 짧게는 몇 분에서 길게는 1시간 정도 간다.
(4) 통증은 심각하지 않고 정도가 가볍다.
(5) 아픈 부위가 붓거나 열이 있지는 않지만 통증은 계속된다.
(6) 주로 근육에 통증이 나타나며 주무르면 통증이 줄어든다.
(7) 낮에 운동량이 많으면 통증이 더해진다.

아이의 통증이 위 사항에 해당되면 성장통일 가능성이 높다. 성장통은 특별한 처치 없이 대개 잘 낫지만 통증이 심하고 지속 기간이 길면 전문가의 진료를 받아볼 것을 권한다. 그 외에 위와 같은 상황을 체크해도 성장통인지 아닌지 가늠이 어려우면 전문가의 상담을 받아보는 것이 좋다.

- -

1. 체력 소모를 따라가지 못하는 성장통

한의학에서 성장통은 주로 '몸의 기운이 약한 경우'이거나 '진액이 부족한 경우'로 보고 있습니다. 기가 약해서 생기는 경우는 아이의 체질적 성향이 소모되는 기운에 비해, 빠르게 새로운 기를 보충해주지 못해 통증이 나타납니다. 이런 아이들은 주로 식은땀이 많고, 밥을 잘 먹지 않으며, 편식이 심하며, 아침에 제대로 일어나지 못합니다.

이와 같은 성장통을 보이는 아이들은 평소 간, 신장과 비위가 약한 아이로 이런 아이는 심한 운동을 하거나 무리하게 걷기만 해도 다리에 통증을 일으킬 수 있습니다. 그리고 비위 기능이 약한 아이는 사지에 필요한 영양 공급의 부족으로 성장통이 올 수도 있습니다. 이밖에 선천적으로 체질이 허약하거나 다른 이유로 체질이 허약할 때도 성장통이 올 수 있습니다. 성장통을 앓는 아이는 영양에 특히 신경 써서 균형을 이루도록 해주고 기를 보강할 수 있는 보약을 먹이는 것이 좋습니다. 또 간, 신, 비위의 허약이 원인일 때는 허증을 치료하는 한약을 복용해서 성장통을

171

치료해야 합니다.

　진액이 부족해 성장통이 생기는 경우는 음양의 불균형 때문에 성장통이 발생합니다. 원래 양의 기운이 충만한 아이들은 성장기가 되면 더욱 양의 기운이 왕성해지는데 이때 상대적으로 음의 기운이 부족하면 통증이 나타납니다. 한의학에서는 일반적으로 뼈의 성장을 '양'으로, 근육의 성장을 '음'으로 보고 있습니다. 이 '양'과 '음' 즉, 뼈와 근육이 조화를 이뤄 성장해 나가야 탈이 없는데 갑자기 뼈의 성장이 두드러지면 근육에 무리가 가는 것이 당연합니다. 때문에 아이가 성장통을 느끼는 것입니다. 대개 '음'이 부족한 아이들은 잘 먹는 편인데도 살이 찌지 않는 경우이며, 이때는 몸의 음기를 길러주고 진액을 공급하여 음양의 조화를 맞추는 처방을 합니다. 진액이 공급되고 음양의 조화가 맞춰지면 성장통은 자연히 사라져 원활한 성장을 할 수 있게 됩니다.

　하지만 아이가 성장기 때 근육의 통증을 호소한다고 해서 모두 성장통이라고 여기는 것은 금물입니다. 통증은 몸에 이상이 있다는 것을 알리는 신호로 자세히 알아보지 않고 쉽게 병명을 단정하면 도리어 큰 질환의 치료를 늦추게 되고 증세를 악화시키기도 합니다. 실제로 성장통의 병증은 다른 질환의 병증과 유사하게 나타납니다. 예를 들어 소아 류머티즘이나 골종양, 소아 백혈병, 구루병, 칼슘이나 인 등 무기질 대상에 이상이 생겨 뼈가 약해지는 대사성 질환도 초기 성장통과 비슷한 증상이 나타납니다. 따라서 위에 열거한 질환과 성장통의 차이점을 정확히 체크해 병증에 대처하는 것이 중요합니다. 먼저 주요 체크 사항은 통증의 지속성입니다. 성장통은 밤에 아프다가 아침에 멀쩡해지는 것이 특징입니다. 그러나 아이의 통증이 밤낮 가리지 않고 계속되고, 3주 이상 꾸준히 지속된다면 전문가를 찾는 것이 좋습니다.

또한 관절이 붓고, 다리를 절며, 통증이 심해서 제대로 움직일 수 없는 경우, 열이 나서 건드리면 아픈 경우, 식욕이 떨어지고 유난히 피곤함을 느낄 때는 성장통이 아니므로 검사를 받아야 합니다. 게다가 별다른 충격이 없는데도 피부에 외상이 생겼거나 피부 색이 변해 있을 경우에도 정확한 진찰을 받아야 합니다.

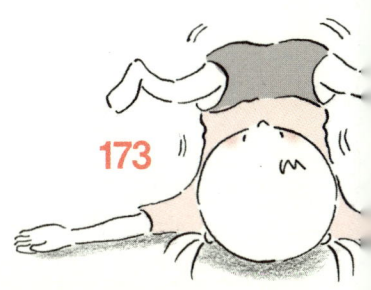

성장을 촉진해주는 지압법

성장을 촉진하기 위해서는 성장에 관련된 장기의 기운이 활발하게 움직여 기혈 순환이 원활해야 한다. 따라서 성장을 돕는 경혈(침자리)을 자극하면 장기의 기운을 북돋을 수 있고 성장통 감소에 도움을 준다. 경혈을 지압하는 방법으로는 무릎을 세우고 앉은자세에서 무릎 관절 방향으로 족삼리(足三里)를 세게 누르면 된다. 족삼리는 무릎 바깥쪽 세치 아래 즉, 손가락 3개 정도 내려간 부위를 말한다. 이 부위에 아픔이 느껴질 정도로 10초 동안 5회 정도 반복적으로 지압한다.

2. 성장통을 완화하는 자연 요법

부모는 아이가 성장통을 호소하면 무조건 참으라고 하지 말고 같이 걱정하고 통증을 완화하는 자연 요법을 해주는 것이 좋습니다. 그러면 아이들은 부모에 의지해 외적인 통증 외에 심리적인 통증도 덜 수 있어 성장통을 완화하는 데 도움이 됩니다. 성장통을 완화시키는 첫 번째 방법은 찜질을 해주는 것입니다. 성장통은 뼈가 아프다기보다 근육이 아픈 것이기 때문에 따뜻한 수건으로 찜질해주면 기혈 순환을 도와 통증 완화에 효과를 볼 수 있습니다. 그리고 족탕 요법(뜨거운 물에 15분 이상 발을 담그는 방법)과 반신욕도 혈액순환에 도움이 되기 때문에 성장통이 있을 때 해주는 것이 좋고, 자기 전에 따뜻한 물로 가볍게 샤워해도 통증을 완화하는 데 도움을 줄 수 있습니다.

두 번째는 가벼운 근육 마사지와 다리를 스트레칭하는 것입니다. 근육의 긴장을 풀어주고 혈액순환을 도와 통증을 완화해줍니다. 세 번째는 심리적인 방법으로 아이를 안심시키는 말로 아이가 통증에 너무 민감하게 반응하지 않도록 하는 것입니다. 부모의 따뜻한 말 한 마디는 아이에게 정서적인 안정감을 주고, 근육의 피로와 긴장을 풀고 기혈 순환을 도와줍니다. 성장통의 통증을 잊게 되는 것입니다.

평상시에도 아이의 성장통을 예방해주려는 노력이 필요합니다. 성장통을 예방하기 위해서는 첫째, 영양적인 면을 신경 써서 충분한 영양소를 공급해줍니다. 인스턴트식품이나 가공식품은 피하고 근육 성장에 도움이 되는 단백질, 칼슘, 아연, 각종 비타민과 미네랄이 들어간 음식을 섭취하도록 해줍니다. 단백질은 근육 형성을 돕고, 칼슘은 골격, 아연은 세포 성장과 재생, 집중력을 향상시키며, 각종 비타민과 미네랄은 에너지 대사와 신체 기능을 활성화합니다. 따라서 이런 조치들은 성장의 불균형으로 오는 성장통을 미연에 예방할 수 있는 든든한 대비책이 됩니다.

둘째는 무리한 활동을 피하는 것입니다. 활동량이 많으면 그만큼 성장통이 올 확률이 높기 때문에 무리하게 놀거나 운동하는 것을 피하고 대신, 가벼운 스트레칭을 해주는 것이 좋습니다. 하루에 두 번 정도 다리를 스트레칭하되 규칙적으로 하는 것이 중요합니다. 셋째, 음기를 길러주는 것이 좋습니다. 앞서 말씀드렸듯 근육은 '음'에 해당하는 것입니다. 고로 음을 길러주는 것은 근육 발달에 도움을 줍니다. 음을 길러주기 위해서는 일찍 잠을 자고, 생선이나 해조류 등을 많이 섭취해 기의 흐름을 원활하게 하는 것이 좋습니다.

이 밖에 차가운 음식과 지나친 당분의 음식은 피해야 합니다. 찬 음식을 많이 먹으면 위의 기능이 저하돼 식욕 부진과 복통을 유발하고 성장을 방해합니다. 때문에 성장의 불균형을 불러와 성장통이 나타나며, 지나친 당분이 들어간 음식은 비만을 불러와 이 역시 성장을 방해하게 됩니다.

따라서 부모는 이러한 생활 예방법을 숙지하여 아이가 성장통에서 벗어나 편안한 숙면을 취할 수 있도록 항상 신경 써야 합니다. 비온 뒤 땅

이 굳는 것처럼 아이들은 여러 잔병치레를 겪으면서 더욱 건강해지게 마련이지만 애써 고생하지 않고도 피할 수 있는 질환으로 아이들이 고통받을 필요는 없습니다. 성장통의 원인과 증상, 예방과 치료법을 알고 적절하게 대응한다면 우리 아이들이 성장통에서 벗어나 큰 무리 없이 자라날 수 있을 것입니다.

성장통에 효과적인 한방 처방

●● 쌍화탕

백작약, 숙지황, 황기, 당귀, 천궁 등을 쓰며 차를 마시듯 하루에 수시로 복용한다. 소화기가 약한 아이는 쌍화탕에 불환금정기산을 더 넣어서 복용한다.

●● 독활기생탕

간과 신이 허약하여 근육과 관절이 당기거나 아픈 증상에 좋다. 독활, 당귀, 백작약 등을 쓴다. 1일 3회 공복에 복용한다.

●● 육미지황탕

신장이 약해 식은땀을 잘 흘리고 갈증이 심하며 허리가 저린 듯 아픈 증상에 효과가 있다. 숙지황, 산약, 산수유 등을 쓴다.

●● 보아탕

식욕이 없으며 성장통이 있을 때 황기, 당귀, 백출, 백복령 등을 쓰며 차를 마시듯 하루에 수시로 복용한다.

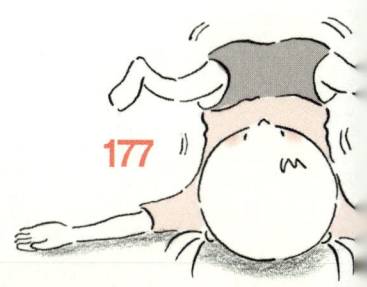

2부.

잔병 극복을 도와주는
마음, 환경, 음식

1.
마음 건강이
몸의 건강

우리의 건강은 다분히 마음가짐에 따라 좌우됩니다. 일찍이 『동의보감』에서도 '사람의 마음은 천기와 부합된다(人心合天機).' 고 하여 '선경' 주해에 이렇게 적고 있습니다.

'선기(璇璣)는 곧 북두칠성이다. 하늘에서는 북두칠성이 중심이며 사람에게 있어서는 마음이 중심이다. 마음이 몸에서 운행하는 것은 북두칠성이 하늘에서 운행하는 것과 같다.' 이는 즉 마음의 움직임이 몸의 움직임을 이끈다는 것으로 마음이 곧 건강임을 의미하는 것입니다. 따라서 이제마의 사상의학에서도 '인간의 마음을 이해하고 질병을 치료할 때 비로소 완전한 치료가 이뤄진다.'는 철학을 바탕으로 질병을 치료하고 있습니다. 이런 마음의 치료법이 바로 한의학의 기본 이념이기도 합니다. 환자의 마음 상태를 알고 바로잡는 것이 건강에 있어서 가장 중요한 근본 치료라 할 수 있습니다.

예컨대 우리가 '화'를 내면 우리의 몸속은 어떻게 변할까요? 몸은 '화'에 반응해 혈압이 상승하고 호흡과 맥박이 빨라지며, 근육이 긴장하여 팔다리가 떨리기 시작합니다. 뿐만 아니라 얼굴색도 변하고, 눈이 충혈돼 심지어 쓰러지는 일까지 생기게 됩니다. 이는 모두 마음의 '화'로 인해 기혈 순환이 되지 않고 몸에 온갖 노폐물과 열이 쌓여 건강을 해치게 되는 것입니다. 따라서 마음속에서 일어나는 일이 우리의 육체적 건강을 지배하는 것은 부정할 수 없는 사실입니다.

정신이 신체에 영향을 미친다는 것은 이미 수천 년 전의 고대 의학인 아유르베다 원리에도 있으며, 구체적인 심신관계 현상의 가장 오래된 기록으로는 기원전 300년경 히포크라테스는 상상임신에 대한 12명의 여성들에 대한 기록에도 그 근거가 남아 있습니다.

근대적 의미의 심신의학은 1818년 독일의 하인로트가 처음으로 정신신체적(Psychosomatic)이라는 말을 사용했습니다. 정신신체의학(Psychosomatic Medicine)은 신체 질환을 정신적 원인과 육체적 현상으로 연결지어 연구하는 의학의 한 분야로 어떤 심리적 원인이 신체적 장애를 일으키거나 혹은 이미 있었던 신체적 장애를 악화시키는 질환을 정신신체장애라고 합

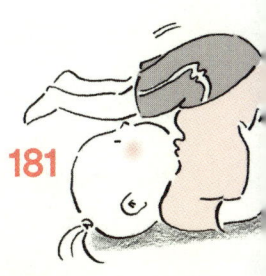

니다. 실제로 내과를 찾는 환자의 질환 중 60% 이상이 정신신체장애자라고 말하는 학자도 있습니다. 여러 가지 정신 장애가 정신적 스트레스에 의해서 유발된다는 한스 셀리의 학설에서 발전하여 스트레스가 발병 원인 중 큰몫을 차지하는 위·십이장궤양을 치료할 때는 약물이나 외과적 수술도 중요하지만 정신적 원인인 스트레스를 함께 해소하는 것이 중요하다고 보는 것입니다. 질병의 원인과 치료에서 이런 요법은 예부터 있었던 것으로 한국에서는 세조가 『의약론』을 저술했는데 그는 책에서 환자를 치료할 때 무엇보다 환자의 마음부터 안정시켜야 한다고 주장하고 있습니다. 이 또한 정신신체의학의 개념과 부합하는 내용입니다.

즉 마음과 몸은 하나라는 것입니다. 마음과 몸이 함께 건강해야 진정 건강하다고 할 수 있습니다. 때문에 아이들의 잔병도 마음을 편히 가질 때 비로소 완전한 치료를 할 수 있고 꾸준하게 건강을 유지해 나갈 수 있습니다. 마음 상태에 따라 육체의 건강이 좌우된다는 것을 잊지 말고 아이가 편안한 마음가짐을 가질 수 있도록 도와주도록 합시다. 또 아이에게 칭찬과 격려를 아끼지 말고, 기를 살려주어야 합니다.

1. 스트레스를 경계하면 잔병이 달아난다

손진인의 『양생명(養生銘)』에는 "너무 성내면 기를 상하고, 생각이 많으면 정신이 몹시 상한다. 정신이 피로하면 마음도 지치기 쉬우며, 기가 약하면 병이 따라온다."고 했으며 "슬퍼하고 기뻐하기를 지나치게 하지 말고 정신을 편안히 하여 마음을 기쁘게 하며 기를 아끼고 고르게 보전해야 한다."고 했습니다. 이렇게 하면 건강하게 오래 살 수 있다고 보고 스트레스에 대한 경계를 단단히 강조했습니다.

오래전부터 '스트레스는 건강의 적!'이라고 해서 인체에 좋지 않은 영향을 준다는 것은 누구나 다 아는 사실입니다. 스트레스로 인해 종종 질병이 유발되기도 하고 병증을 악화시키기도 합니다. 때문에 의사들은 곧잘 "심신의 안정을 취하는 것이 좋습니다." 또는 "너무 걱정 마시고 마음을 편하게 가지세요."라는 말을 자주하게 됩니다. 이는 아이들이 질병으로 고생할 때도 마찬가지여서 심신이 안정돼야 스트레스도 풀리고 질병을 치료하는 데도 좋은 효과를 볼 수 있습니다.

간혹 어른들이 "조그만 게 무슨 스트레스를 받겠느냐"며 무시하거나 의아해하는 경우가 많습니다. 하지만 어른들의 생각과는 달리 아이들이 받는 스트레스는 매우 큽니다. 아이들은 막 정신적·육체적으로 성장해 가는 시기이기 때문에 어떠한 사건이나 사물에 대해 이해하고 감당하는 능력이 미숙합니다. 그래서 작고 사소한 일에도 쉽게 신경질을 내고 짜증을 부리게 되는 것이지요. 이는 곧 아이의 스트레스로 고스란히 쌓여 마음속의 '화'를 만들어내고 몸의 균형을 흩뜨려 놓습니다.

스트레스는 화 때문에 심비(心脾)의 조화가 이뤄지지 못하므로 많은 내

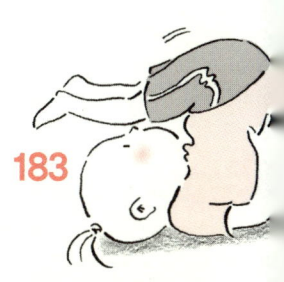

183

부 기관에 영향을 줍니다. 소화기계가 약해지고 잠을 잘 못 자며 스스로 감정을 조절하지 못해 정서적으로 불안하게 됩니다. 이렇게 전체적으로 몸의 균형이 깨지면 자연히 면역력도 현저하게 떨어져 다양한 질환이 나타나고 기존 질환을 악화시키기도 하는데 이러한 병증을 '심인성'이라고 합니다.

보통의 아이들은 스트레스로 인한 '심인성' 때문에 신체 적응력이 현저히 떨어지게 됩니다. 흔한 심인성 증상으로는 대표적인 것이 원인 없는 복통, 잦은 소변과 두통, 소화기·위장계의 질환 등이 있으며 정서적으로는 신경증, 불안, 공격적 성향과 반사회적인 행위를 표출하기도 합니다. 심한 경우에는 어른처럼 원형탈모증을 유발하기도 해서 유아 스트레스는 반드시 해결해야 할 과제입니다. 아이들의 스트레스를 막아주고 줄여주는 것이 근본적으로 아이의 잔병을 예방하고 치료하는 최선의 방법이라 할 수 있습니다.

유아 스트레스는 어떻게 알 수 있을까?

대부분의 부모들은 '유아 스트레스'에 크게 신경 쓰지 않고 오히려 잘 가르치고 먹이는 데에 더 관심을 기울이고 있습니다. 현재 내 아이가 '어떤 기분'이고 '어떤 심리 상태'를 가지고 있는가를 살피는 일이 부족하다는 뜻입니다. 더욱이 말을 못하는 아이들이나 표현이 적은 아이일 경우에는 부모들이 아이가 스트레스를 받고 있는지조차 모르고 넘어가는 경우가 많습니다.

특히 두 돌 이전의 아기들은 의사 표현을 못하기 때문에 유아 스트레스가 방치되기 쉽습니다. 때문에 부모가 관심을 갖고 세심하게 아기를 관찰하는 수밖에 없습니다. 연령별로 아이들의 행동에 따라 간단하게 유아 스트레스 진단법을 체크해볼 필요가 있습니다.

아기가 이유 없이 배가 아프다거나 자주 보채고 칭얼거리며, 잠을 자지 않고 수면이 불규칙하다면 유아 스트레스를 의심해야 합니다. 또, 엄마가 놀이를 시작해도 심하게 의기소침해 있고 관심을 보이지 않으며, 평소와는 달리 손톱을 물어뜯고 손을 심하게 빤다거나 눈을 깜빡거리는 틱 증상이 나타나지 않는지도 살펴봐야 합니다. 또 배설 장애를 일으키지 않는지도 확인해야 합니다. 이런 증상들이 모두 유아 스트레스로 인해 나타나는 행동이라 할 수 있습니다.

유아원이나 유치원에 다니는 유아일 경우에는 떼를 쓰는 게 심해지고 밥투정을 하며 평소에는 하지 않던 이상행동을 보이게 됩니다. 큰 아이가 손을 빨거나 물어뜯는 것, 머리를 심하게 긁적이거나 쥐어뜯는 행동, 코 당기기, 틱 장애 등과 같은 행동을 보인다면 현재 아이의 심리 상태가 매우 불안하다고 생각하면 됩니다.

그밖에 학령기 아이들은 영유아기 아이들과는 달리 스스로의 표현에 국한된 것이 아니라 남에게도 불만을 직설적으로 표현하게 됩니다. 투

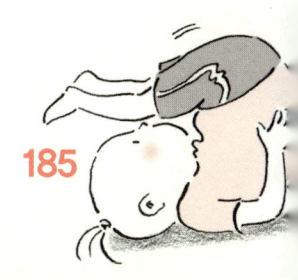

185

정을 부리고 우는 것은 기본이고 난폭한 행동으로 주변 사람을 때린다거나 욕설을 하고 물건을 집어던지는 등 과격한 모습을 보이게 됩니다. 거친 행동을 표현하는 아이는 오히려 스트레스받고 있음을 더 정확히 알 수 있기 때문에 오히려 다행인지도 모릅니다. 너무 내성적이고 소심한 아이들은 표현이 적고 감정 상태를 알 수 없어서 세심하게 주의를 기울이지 않으면 좀처럼 알 수 없습니다.

일단 아이의 말수가 적어지고, 표정이 어두우며, 대부분 방에서 혼자 시간을 보내거나 주변과 잘 어울리지 못한다면 감정상의 변화가 있음을 나타내는 것입니다. 게다가 수면 장애, 배뇨 장애가 있다면 스트레스를 의심할 수밖에 없습니다. 이런 아이들은 마음속에 '화'가 울체돼 기혈이 순환되지 않아 오히려 신체적인 통증으로 많이 나타납니다. 대개 복통이나 두통 더러는 체중 감소까지 보입니다. 이보다 조금 더 큰 아이들은 거짓말이 심해지거나 크게 반항하기도 합니다. 이처럼 아이들의 행동을 꼼꼼하게 관찰하고 파악하면 아이들이 스트레스로 인해 얼마나 고통받고 있는지도 알 수 있습니다.

갓난아기들은 태생부터 스트레스를 받고 나오는 경우가 있습니다. 엄마 뱃속에 있을 때 주변의 소음이나 엄마의 불안한 심리 상태가 태아에게 고스란히 전해져 스트레스로 작용하는 것입니다. 세나가 세상에 처음 나와서 겪는 모든 일들이 아기에게는 커다란 스트레스로 작용해 이미 몸속에 '화'를 품고 나오게 됩니다. 몸속에 '화'를 품고 태어난 아이는 성격이 까다롭고 예민해질 수 있으며, 이런 아이들이 자신의 욕구가 충족되지 않거나 해결되지 못하면 자연히 또 다른 스트레스를 받습니다. 흔히 엄마가 곁에 없거나 질병에 걸렸을 때, 충분한 양의 수유를 받지 못했을 때, 낯선 사람을 보거나 낯선 장소 즉, 환경이 바뀔 때, 배변 훈련의 과정, 가정 내의 불화가 아기의 스트레스를 유발합니다.

그 외에 어린이들은 맞벌이 가정에서 오는 무관심이나 불안, 사회성 훈련, 친구와 학교에서의 갈등, 조기 교육 열풍, 경제적 문제, 질병 등이 스트레스 요인이 됩니다. 또 아이가 너무 기분이 좋아서 흥분했을 때도 스트레스를 받기도 하며, 성장기일 때는 자신의 신체적·정신적인 변화에도 스트레스를 받을 수 있습니다. 그리고 학령기 아이들은 숙제나 시험과 같은 학업 평가가 대표적인 스트레스 요인으로 작용합니다. 성장

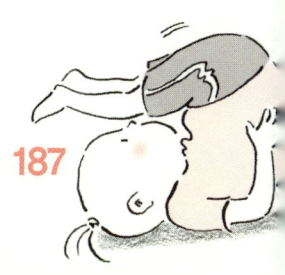

기에는 아이들이 어느 정도 스트레스를 받는 것이 당연하지만 지나치게 스트레스가 심하고 오래되면 두뇌와 신체 발달에도 지장을 초래하므로 제때 관심을 가져주는 것이 좋습니다.

소아 스트레스를 이기는 방법

스스로 자신을 컨트롤하는 방법이 미숙한 아이들은 부모들이 스트레스를 덜어줄 수 있도록 노력해야 합니다. 그러기 위해서는 일단 부모가 최대한 해줄 수 있는 식이요법을 통해 아이가 안정감을 찾을 수 있도록 도와야 합니다.

우선, 아이가 식사를 거르지 않도록 세 끼를 꼬박 챙겨주세요. 불규칙한 식사는 생체 리듬을 어지럽히고 배가 고픈 아이들은 신경질적으로 변하기 쉽습니다. 따라서 규칙적인 식사와 더불어 멸치, 두부, 뱅어포와 같은 칼슘이 많은 식품을 많이 먹도록 합니다. 칼슘은 정서 불안이나 긴장을 해소할 수 있는 좋은 식품입니다. 콩 식품도 많이 먹는 것도 좋습니다. 콩은 근육을 이완시키고 피로와 우울증을 감소시켜 주기 때문에 두부나 두유 등의 제품을 많이 섭취하고, 육류보다는 생선을 많이 먹으면 긴장을 해소하는 데 도움이 됩니다. 또 호두, 땅콩, 밤 같은 견과류는 진정 효과가 있어서 아이의 감정 변화가 심할 때 먹이도록 합니다.

또 하나 빼놓지 말아야 할 것은 비타민 C 섭취입니다. 비타민 C 는 스트레스를 유발하는 호르몬을 사전에 차단해주는 효과가 있는 것으로 알려져 있습니다. 게다가 감기 예방은 물론이고 혈관을 튼튼하게 하고 근육도 강화해주며 소화에도 도움을 줘 아이들이 꼭 섭취해야 할 필수 요소입니다. 비타민 C 복용 시 한꺼번에 너무 많이 먹이지 말고 조금씩 하루 2~3회씩 나눠 먹는 것이 올바른 섭취법입니다.

Tip

스트레스에 좋은 민간 요법

●● 산초나무 열매
산초나무의 열매를 갈아 쌀가루와 섞어 반죽해서 쌀알 크기로 만든다. 공복에 5~10알 정도 복용하면 도움이 된다.

●● 연꽃씨
연꽃씨 10g을 프라이팬에 볶은 후 냄비에 넣고 물 3컵 정도를 부어 반으로 줄도록 끓인 후에 마신다. 소화 기능이 약하고 잘 흥분하는 아이에게 좋다.

●● 토란줄기
깨끗하게 씻은 토란줄기를 말린 후 가루를 내 깨소금과 섞어 먹인다. 이렇게 하면 칼슘, 인, 칼륨, 비타민 E, 당질, 단백질까지 한꺼번에 섭취할 수 있다. 특히 검은 깨로 깨소금을 만들어 먹는 것이 좋다.

●● 대추차
대추차는 불안이나 우울증에 매우 좋은 민간 요법으로 알려져 있다. 물 1ℓ에 대추 15개와 감초 5g을 넣어서 중간불로 2시간 정도 달여 마신다. 간식으로 대추차를 마시게 하는 것도 좋다.

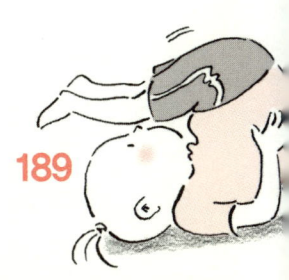

2. 웃음과 칭찬이 최고의 명약이다

『웃음의 치유력』의 저자 노먼 커즌스는 "웃음은 유효기간이 없는 최고의 약이며 병을 막아주는 방탄조끼"라고 말했습니다. 그가 이렇게 확신 있는 말을 할 수 있었던 데는 자신이 바로 웃음치유법을 몸소 체험했기 때문입니다.

노먼 커즌스는 난치병으로 알려진 강직성 척수염을 진단받고 의사로부터 시한부 판정을 받은 사람이었습니다. 하지만 그는 이에 낙담하지 않고 자신의 신념을 끝까지 밀고나가 결국 웃음으로 치유한 기적을 우리에게 온몸으로 보여준 인물입니다. 그는 자신의 경험을 토대로 많은 사람들이 웃음으로 건강을 되찾길 바랐으며 이는 의학계에서 상당한 파장을 끼쳐 훌륭한 치료 요법으로 평가받고 있습니다.

하지만 사실 노먼 커즌스보다 우리 선조들은 웃음이 최고의 명약임을 오래진부터 실천해왔습니다. "웃음이 보약보다 낫다."는 말이 있듯이 웃음과 건강의 상관관계가 매우 밀접함을 말하고 있습니다. 『황제내경』에서도 "심기(心氣)가 허(虛)하면 슬퍼하고 실(實)하면 계속 웃는다."고 쓰여 있습니다. 즉, 심은 혈맥(血脈)을 간직하는데 혈맥에는 정신이 머무르고 있어서 심의 허증과 실증에 따라 감정 기복에도 크게 차이가 나타난다는 뜻입니다.

사실 잔병에 걸린 아이들은 질병의 병증으로 인해 기운이 없고 슬픈 감정을 느끼게 됩니다. 이는 바로 심의 허증으로 이어져서 혈액순환이 잘 되지 않고 면역력을 떨어뜨려 오히려 병증을 악화시킵니다. 따라서 잔병으로 고생하는 아이나 평소 심이 허한 아이들의 경우에는 자주 웃게 만들어 건강을 되찾는 것이 중요합니다.

사람이 웃으면 자율신경계가 자극돼 혈액순환이 원활해지고 소화가 촉진됩니다. 게다가 웃으면 복부 근육이 움직이므로 장의 기능이 원활해져서 변비가 없어지고, 침의 분비가 늘어나며 콜레스테롤이 억제되고 엔돌핀이 증가하여 만병이 해결된다고 했습니다.

또한 웃는 동안에는 얼굴 근육이 많이 움직여 인상이 부드럽게 바뀌고, 피부가 빨리 노화되지 않는 효과가 있어서 동안을 유지하는 최고의 방법으로 통하고 있습니다. 이밖에도 웃음에는 많은 능력이 숨겨져 있습니다. 웃음의 숨은 능력을 알아보고 아이들의 잔병과 어떤 연관성을 가지고 있으며, 그 효능을 발휘하는지 자세히 알아보도록 하겠습니다.

몸과 마음을 건강하게 만드는 웃음의 능력

예부터 '웃으면 복이 온다.'는 말을 많이 합니다. 웃음이 사람에게 긍정적인 영향을 주기 때문에 나온 말입니다. '웃는 얼굴에 침 못 뱉는다.'는 말처럼 웃음은 사회적인 관계에서 탁월한 소통의 역할을 하고 있습니다. 밝고 웃음이 많은 사람들에게는 언제나 친구가 끊이지 않는 법입니다. 웃음이 복을 가져다주는 이유는 웃음이 정신적인 중압감이나 심리적인 스

트레스를 해소해주고 몸을 건강하게 하는 최고의 보약이기 때문입니다.

한의학에서는 인간의 감정을 칠정(七情)이라 해서 '희(憙), 노(怒), 우(憂), 사(思), 비(悲), 공(恐), 경(驚)'으로 구분하고 있습니다. 이는 기쁨, 분노, 근심, 생각, 슬픔, 두려움, 놀람을 의미하고 있으며 감정에 따라서 인체의 기 흐름이 달라집니다. 웃음으로 인해 생기는 즐거운 감정은 기의 흐름을 부드럽게 하고 스트레스 호르몬인 '코티졸'을 줄어들게 만들어 혈압을 낮추고 호흡을 일정하게 정리해줍니다. 신진대사가 좋아질 뿐 아니라 불안이나 우울증과 같은 불쾌한 감정들이 줄어듭니다. 마음을 편안하게 만드는 것이 바로 웃음의 효능입니다.

한의학에서 웃음은 심장과 연관이 있습니다. 황보사안은 "심이 실하면 웃는데 웃음은 기쁨이다."라고 했습니다. 심장이 튼튼하면 계속 웃게 되고 심이 부족하면 슬퍼진다는 『황제내경』의 글귀도 같은 뜻입니다. 때문에 심장과 관련된 질환이나 심장이 약한 사람은 자주 웃어 심장 기능을 보해줍니다. 이렇게 하면 혈액순환이 개선되고 기의 순환이 활발해집니다.

또 웃음은 폐와도 깊은 관련이 있어 폐에 쌓인 나쁜 공기를 신선한 산소로 바꿔주기 때문에 호흡기 질환의 환자들도 웃음의 도움을 받을 수 있습니다. 뉴욕 주립대 과학자들이 최근에 웃음이 인체의 면역체계를 활성화하는 강력한 물질인 사이토카인 분비를 도와 백혈구의 활동을 돕는다는 사실을 밝혔습니다. 백혈구는 바이러스나 세균으로 인한 감염을 막는 데 필요할 뿐 아니라 암세포가 될 가능성이 있는 세포를 죽이기도 합니다. 사이토카인은 웃을 때 혈중 농도가 높아지는데 이를 행복 호르몬이라고 부르며, 웃음을 장수의 비결로 꼽기도 했습니다. 미국 캘리포니아 주 로마린다 의대 버크 교수와 스탠리 탠 교수에 의하면 웃음은 '인터페론 감마 호르몬' 이라는 분비를 200배 증가시키는데 이는 우리 몸에서 면역을 담당하는 호르몬입니다. 웃음은 면역력을 높여 각종 질환의 예방과 치료를 해주는 진투 요원들을 많이 양성하는 역힐을 합니다.

미국 스탠퍼드 의대 윌리엄 프라이 교수는 웃음이 '엔돌핀' 과 '엔케팔린' 이라는 호르몬을 만들어 자연적인 진통 효과를 주고, 스트레스를 해소한다는 것을 밝혔습니다. 또 웃음은 얼굴 근육이 많이 움직이고 배의 근육도 움직여 신체 긴장을 완화해주는 기능도 하고 있습니다. 무엇

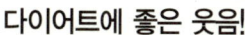

다이어트에 좋은 웃음!

우리가 신나게 웃을 때는 몸속에 있는 650개 근육 가운데 231개 이상의 근육이 움직인다. 살짝 웃기만 해도 얼굴 근육의 15개가 움직이고, 웃음의 강도가 커지면 갈비뼈 사이의 근육, 복근, 횡경막, 몸속 내장까지 움직여 에너지 소모가 상당하다. 한 번 웃으면 에어로빅을 5분 한 것 같은 운동 효과가 있고, 1분 정도 웃으면 10분간 조깅한 효과를 내며, 20분 동안 웃으면 3분 정도 힘차게 노를 젓는 운동량과 같다고 한다. 따라서 웃음만큼 건강한 다이어트 방법이 없으며, 웃을 때는 내장까지 움직이므로 뱃살을 빼는 데도 효과 만점이라고 할 수 있다.

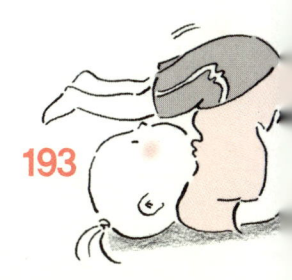

보다 웃음의 가장 큰 효능은 활동할 수 있는 힘과 극복할 수 있는 능력을 모두에게 준다는 것입니다. 질병으로 힘들어하는 아이에게는 희망을, 그런 아이를 간호하는 부모에게는 힘을 줄 수 있는 것이 바로 웃음입니다. 웃음은 가장 따뜻한 마음을 교류할 수 있는 열쇠입니다.

요컨대 웃음은 병을 예방하는 동시에 치료하며 서로의 마음을 감싸 안을 수 있는 건강과 행복의 수단인 셈입니다. 이런 웃음의 능력으로 부모는 아이가 질병에서 벗어나 밝고 건강하게 지낼 수 있도록 즐겁고 행복한 분위기를 만드는 것이 중요합니다.

보약이 되는 웃음

하루 평균 6세 이하의 어린이는 300번 정도 웃고, 성인은 17번 정도 웃는다고 합니다. 이 같은 결과를 놓고 볼 때 성인과 아이들의 웃는 횟수는 상당한 차이를 보입니다. 어린이들이 성인들에 비해 활력이 넘치고 작은 일에도 크게 행복해하는 것은 바로 이런 웃음 때문입니다.

따라서 많이 웃을수록 웃음의 효과가 좋으며 어떻게 웃느냐에 따라서 웃음 효과는 더욱 배가되기도 합니다. 웃음의 방법은 따로 있지 않습니다. 꼭 행복하고 즐거워야 웃을 수 있는 것도 아니지요. 흔히 "즐거우니까 웃는 것이 아니라 웃으니까 즐거워지는 것"이라는 말이 웃음을 가장 잘 표현하고 있습니다. 억지로 웃을 때도 효과가 있다는 것입니다.

'웃음박사'로 알려진 미국의 클리포드 컨 박사는 인간의 뇌는 가짜 웃음도 진짜 웃음으로 알고 신체가 반응한다고 주장합니다. 가짜 웃음에도 근육은 활성화되고 엔돌핀과 면역 물질이 자연스럽게 나와 몸의 기능을 강화해줍니다. 일부에서는 '웃음 전도사'나 '웃음 치료사'라는 이름으로 웃음을 강연하거나 배우는 사람들도 많습니다. 실제로 일부 병원에서는 웃음 치료로 환자를 치료하는 곳도 많습니다. 그만큼 웃음은 어떤 식으로든 우리에게 긍정적인 효과를 가져다주는 것이 분명합니다. 따라서 부모가 아이와 함께 웃을 수 있는 시간을 많이, 자주, 보내는 것이 바람직합니다. 하루에 시간을 정해 가족이 함께 모인 장소에서 웃음을 운동처럼 연습해보세요. 아빠와 엄마의 주도하에 처음은 쑥스럽겠지만 웃음은 전염성이 강하기 때문에 한 명이 웃으면 곧 모두 따라 웃게 됩니다. 습관적으로 웃게 되면 가족끼리 애정도 쌓이고 건강도 함께 챙길 수 있는 일석이조의 효과를 누릴 수 있습니다.

웃음은 비록 가짜 웃음이라도 기운차게 온몸으로 크게 웃는 것이 좋습니다. 기운찬 웃음이 건강에 효과적인 이유는 날숨 즉, 내쉬는 호흡을 하기 때문입니다. 날숨은 우리 몸 안의 독소와 스트레스를 해소하는 역할을 합니다. 그래서 보통 웃을 때 '푸하하' 또는 '피식'과 같은 자연스러운 날숨이 나오게 되는 것입니다. 날숨을 밖으로 내보내기 위해서는 그만큼 큰 웃음이 효과적이겠지요. 최대한으로 소리 내서 웃고 10~15초 이상 웃어야 엔돌핀 분비가 최대화돼 건강에 아주 좋습니다. 그렇다고

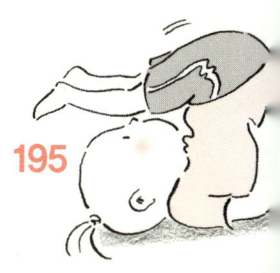

자신의 감정과 반하는 억지웃음이 불편하다면 오히려 하지 않는 것만 못합니다. 화가 난 상태에서 웃음을 강요받는 상황이면 오히려 긴장과 스트레스가 쌓이고 몸에 열이 올라 건강을 해치게 됩니다. 상황이나 분위기에 따라 웃는 것이 여의치 않으면 강요하지 말고 먼저 아이의 감정을 풀어준 다음, 부모가 아이의 웃음을 유발할 수 있도록 해주어야 합니다. 가장 건강한 웃음은 자연스러운 상태에서 나오는 웃음입니다. 그러기 위해서는 즐거운 상황이나 웃을 만한 요소가 생활 속에 있어야겠지요. 아무래도 아이들은 가정에서 보내는 시간이 대부분입니다. 때문에 가정에서 나오는 건강한 웃음은 아이 건강에 필수라고 할 수 있습니다.

실제로 우리 가정에서 '웃음'은 그리 많은 편에 속하지 않습니다. 아이러니한 것은 밖에서 잘 웃는 어른들이 집에 와서는 TV만 보거나 각자 집안일을 하는 경우가 많습니다. 학령기 아이들은 공부나 숙제를 해야 하기 때문에 가족들과 함께 어울리는 시간이 적습니다. 엄숙한 가정 분위기가 많은 것이 요즘 추세입니다. 엄숙하고 경직된 가정에서 자란 아이들은 의기소침하고 부정적인 아이가 될 가능성이 높고, 과민해서 스트레스도 잘 받아 건강에도 악영향을 끼치게 됩니다. 가정이 화목하고 단란해야 자녀의 정서가 안정되고 건강하게 성장할 수 있습니다. 부모가 웃어야 가정 분위기가 좋아지고 더불어 자녀의 행복과 건강을 지킬 수 있게 됩니다.

자신이 잘 웃지 않는 부모이거나 웃음 없는 가정을 방치하고 있지는 않은지 객관적으로 살펴보고, 아이도 자신과 닮아가고 있는 것은 아닌지 확인하고 반성해볼 필요가 있습니다. '내 아이의 웃음과 건강을 내가 빼앗고 있는 것은 아닌지?' 곰곰이 생각해봅시다. 만약에 경직된 가정 분위기가 유지되고 있다면 늦기 전에 부모부터 먼저 웃음을 회복하고 자녀에게 이를 전달할 수 있도록 노력해야 합니다. 아이뿐 아니라 가족 모두의 건강과 행복을 바란다면 웃음꽃이 피는 가정이 가장 중요합니다.

웃음을 만드는 방법

웃음은 긍정적인 마음에서 나온다. 긍정적인 생각을 가질 때 우리의 마음도 따라서 긍정적으로 바뀌고 그 신호를 웃음으로 받아들이는 것이다. 그러므로 정신적인 이완이 있어야 사고도 유연해지고 여유로워지며 긍정적인 생각을 하게 된다. 이렇게 정신을 이완시켜주는 방법으로는 심신이완법(명상), 자율훈련법, 창의적 시각화, 걷기 등이 사용되고 있다.

- **심신이완법** : 조용한 곳에서 편안한 자세로 앉아서 눈을 감고 긍정적인 말을 반복한다. "나는 매일 모든 면에서 점점 좋아지고 있다." "나는 희망으로 감사와 기쁨 속에 살아간다." 등등. 하루 한 시간씩 실시한다. 명상에서 깨어날 때는 크게 심호흡을 가다듬은 후에 일어난다.
- **자율훈련법** : 부드러운 담요나 이불 위에서 위를 보고 누운 후에 양팔을 가볍게 펴고 양발을 조금 벌린다. 긴장을 풀고 눈을 감은 후 손발이 무겁다거나 따뜻하다는 느낌을 반복적으로 생각하고 이미지를 떠올린다. 그러면 실제로 손발이 그런 것처럼 느껴지고 몸의 이완과 조절이 이뤄진다.
- **걷기** : 규칙적으로 하루 30분 정도에서 한 시간가량 심호흡을 하며 천천히 자연스럽게 걷는다. 다리와 허리를 단련하면서 정신적인 이완 효과를 볼 수 있다. 거울을 보고 웃는 연습을 하는 것도 크게 효과를 볼 수 있다.

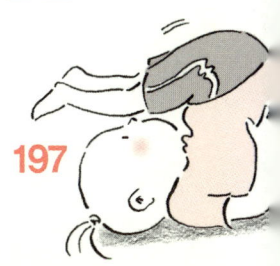

3. 아이에게 거는 행복한 최면, 긍정의 힘

『동의보감』에서는 몸을 단련시키는 요령이 정신을 통일하는 데 있다고 했습니다. 내경편 신형에서 백옥섬은 "정신이 통일되면 기(氣)가 모이고, 기가 모이면 단(丹)을 이루며, 단이 이뤄지면 형체가 든든해지고 형체가 든든해지면 정신이 건전해진다."고 했습니다. 그리하여 송제구는 "형체를 잊어서 기를 기르고(수양하고), 기를 잊어서 정신을 기르고, 정신을 잊어서 허를 기른다. 잊는다는 것은 사물이 나의 마음속에 없다는 뜻"이라고 말했습니다. 즉, 마음의 잡념이 없어야 수양하는 이치와 맞아 건강을 유지할 수 있다는 의미입니다. 그렇기 때문에 사람이 근심과 걱정, 불안과 초조, 욕심으로 마음이 어지러우면 없던 병도 생긴다고 하는 것입니다.

아이들 역시 마찬가지입니다. 아이들이 스트레스를 받는 것은 잡념으로 기운이 흐트러져 발생합니다. 스트레스는 결국 흐트러진 기운을 수양할 수 있는 건전한 정신이 없기 때문에 발생하는 것이라 하겠습니다. 아이들의 체질이 다르듯 스트레스에 대한 정도의 차이를 보이는 것도 바로 정신 수양의 문제라 할 수 있습니다.

어른과 마찬가지로 아이도 '어떤 마음 상태로 현재의 상황을 받아들이느냐'에 따라 스트레스를 방어하는 능력에서 확연한 차이를 보입니다. 어떤 아이는 사소한 일에도 스트레스를 받는가 하면 어떤 아이는 의연하게 넘어가기도 합니다. 또, 아이가 적극적이고 긍정적인 사고로 사건을 받아들이게 되면 별로 스트레스를 받지 않거나 스트레스를 받더라도 쉽게 극복할 수 있습니다. 반대로 소극적이고 부정적이며, 불평·불만이 많은 아이는 상대적으로 스트레스에 대한 방어력이 떨어져 마음을 어지럽히고 건강을 상하게 할 수 있습니다.

한의학에서는 적극적이고 긍정적인 사람을 '양적인 사람', '기가 강한 사람'이라 부르고 소극적이고 부정적인 사고방식을 가진 사람을 '음적인 사람', '기가 약한 사람'이라고 말합니다. 이는 지금까지 설명해온 오장육부의 조화와 불균형에서 오는 차이기도 합니다. 실제로 긍정적인 사고와 부정적인 사고는 건강적인 측면에서도 상당한 영향을 끼칩니다.

적극적이고 긍정적인 성향의 사람은 'β-엔돌핀'이나 '도파민'과 같이 우리 몸에 유리한 신경전달물질(요즈음은 호르몬에 포함시키기도 함)이 많이 분비됩니다. 이는 웃음처럼 명약 효과와 같은 상승작용을 하는 것입니다. 반면에 소극적이고 부정적인 생각을 많이 하면 스트레스 호르몬인 '노르아드레날린'이나 '아드레날린'이 많이 분비돼 체내에 독소가 쌓이고 기혈을 가로막아 몸의 피로와 질병을 유발하는 것입니다.

『황제내경』에서는 사람은 본디 질병에 걸릴 이유가 없다고 합니다. 왜냐하면 인체는 원래 몸의 이상 현상을 스스로 정상 상태로 만드는 자기 회복력인 '자연치유력'을 가지고 있기 때문입니다. 자연치유력은 환자의 심리 상태에 따라 달라지는데 자신의 자연치유력을 굳게 믿고 긍정적인 에너지를 만들어낼 수 있을 때 비로소 가능하기 때문입니다. 병들

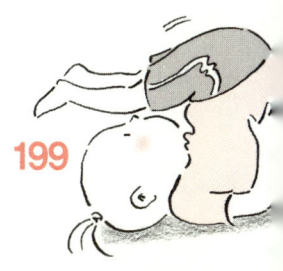

어 있거나 마음이 어지럽고 불안할 때도 긍정적이고 적극적으로 받아들이려는 노력이 있어야 치유가 가능합니다. 그렇지 않으면 아무리 명약을 처방하고, 음식 조절을 하더라도 뚜렷한 도움을 받지 못할 것입니다. 긍정적인 생각이야말로 마음의 힘, 즉 건전한 정신이 되어 병을 이기고 몸을 건강하게 해줍니다. 부모는 아이가 긍정적인 마음을 가질 수 있도록 곁에서 힘써주는 것이 필요합니다.

긍정적인 아이의 힘!

몸은 마음을 따라간다고 했습니다. 긍정적인 사고에서 발휘되는 힘은 기혈 순환을 원활하게 하고 담음(痰飮)이 생기지 않게 하여 신체 내·외부를 건실하게 해줍니다. 그렇게 되면 병의 원인이 되는 사기(邪氣)들이 쉽게 접근하지 못하고, 질병이 있더라도 이를 쉽게 극복할 수 있게 됩니다. '긍정의 힘'은 우리 몸을 전체적으로 조화롭게 만들어 건강을 지켜주는 최고의 트레이너라 할 수 있습니다. 또 '긍정의 힘'은 최고의 부모님이며 선생님이기도 합니다. 긍정적인 사고방식은 병을 이기는 데만 국한된 것이 아닙니다. '우리 아이를 왜 긍정적인 아이로 키워야만 하는가?'는 긍정적인 사고방식이 신체적인 건강뿐 아니라 정신 건강, 사회성에서도 탁월한 능력을 발휘하기 때문입니다.

긍정적인 사고를 하는 아이는 우선 자긍심이 강해 자신이 하는 일에 대해 진취적이고 창의력이 뛰어납니다. 게다가 아이는 자신이 하고 있는 일에 가치를 부여하고 좋은 점을 찾아내 자기 것으로 소화하고 발전시켜 나가려는 노력을 기울이게 됩니다. 가령, 똑같은 장난감을 가지고 노는 일이라고 해도 긍정적인 아이는 장난감의 원리나 구성, 변형과 같이 깊고 창의적인 생각으로 사고를 확장해가지만 부정적인 아이는 그저 장난감으로 단순히 가지고 노는 것에 그치고 맙니다. 이것은 아이의 사고력에 대한 차이를 단편적으로 보여주는 예에 불과합니다. 긍정적인 아이들은 육체적·정신적 성장 발육이 그렇지 못한 아이들에 비해 상당히 왕성하며 여러 방면에서 두각을 나타냅니다.

낯선 환경을 접하거나 새로운 일을 해야 할 때 아이는 두려워하기보다 호기심 어린 시선으로 신기하게 바라봅니다. 게다가 다양한 사람들을 만날 때도 편견이 없고 쉽게 친해지는 탁월한 사교성을 보이기도 합니다. 집단에서 리더십이 뛰어난 아이들을 보면 언제나 성격이 밝고 긍정적인 모습을 확인할 수 있습니다. 또 호기심과 창의성이 있다는 것은 학습 능력에도 좋은 효과를 발휘할 수 있다는 의미기도 합니다. 무엇이든 배우는 것에 거부감이 없고, 그것을 다시 응용할 줄 아는 사고력이 아이의 성장과 함께 키워지는 것입니다. 그래서 '긍정적인 아이가 공부도 잘한다.'고 말하는 것입니다.

하지만 무엇보다 중요한 것은 인성의 문제입니다. 긍정적인 아이의 경우에는 사고를 키워갈 때 분별력을 먼저 배우게 됩니다. 분별력이 있다

201

는 것은 그만큼 자신의 행동에 책임감을 갖는다는 것과 일맥상통합니다. 책임감 있는 행동과 더불어 그 안에서 배려와 양보심, 이해심도 함께 자라게 되는 것이지요. 이처럼 긍정의 힘은 모든 것에서 최상의 에너지와 지혜를 이끌어내는 근원이라고 할 수 있습니다. 그래서 자녀를 긍정적인 아이로 키우는 것은 매우 중요한 일일 수밖에 없습니다.

아이의 마음을 바꾸는 일이란 쉽지 않습니다. 내 아이를 긍정적인 아이로 키우기 위해서는 올바른 육아법을 실천하고, 부모 또한 그런 사람으로 변해가는 것이 필요합니다.

아이에게 긍정적인 자아를 키워주는 방법

(1) 즐거운 집안 분위기를 만들어주세요.

가정환경과 아이의 성장은 밀접한 연관이 있다는 것은 잘 알려져 있습니다. 집안 분위기에 따라 아이는 그와 유사한 모습으로 자라게 마련입니다. 부모라 해서 권위적이어야 한다는 선입견을 버리고 아이와의 관계에서 유머러스하고 긴밀한 관계를 만들어주는 것이 필요합니다. 부모의 유머는 곧 아이의 성격이 될 테니까요.

(2) 아이의 이야기에 관심을 기울여주세요.

성장기 아이들은 자신이 느끼는 감정과 행동에 스스로 신기하고 자부심을 느끼는 경우가 많습니다. 호기심이 많아 이것저것 물어보기도 해서 부모를 귀찮게 하지요. 하지만 이 시기에 아이의 이야기에 귀를 기울인다는 것은 아이에게 매우 중요합니다. 그것은 아이가 부모에게 관심을 받고 있다고 느끼는 순간이며, 자신이 한 일에 대해 자부심을 느끼는 순간이기도 합니다. 아무리 터무니없는 질문과 행동이더라도 인내와 관심을 가지고 진지하게 들어주세요.

(3) 막연하게 칭찬하지 말고 구체적으로 칭찬해주세요.

부모가 아이를 칭찬하거나 애정 어린 행동을 할 때는 구체적으로 진심

을 담아 칭찬해야 합니다. 아이가 칭찬받을 일을 했는데도 부모가 건성으로 "그래, 잘했다."고 대답하면 아이는 자신의 행동이 진심으로 잘한 것인지 구분하지 못하고 무엇 때문에 칭찬받는지도 모릅니다. 칭찬은 되도록 구체적으로 "엄마의 청소를 도와 장난감을 치워주니 정말 착하구나!"와 같이 잘한 행동을 콕 집어서 칭찬해주세요. 그리고 칭찬과 함께 안아주거나 머리를 쓰다듬는다거나 등을 토닥거려주는 스킨십을 같이 해주면 아이는 엄마에게 긍정적인 느낌을 받아 이를 저장하게 됩니다. 이렇게 칭찬받은 아이는 자신감과 의욕이 넘치게 되고 자신의 행동으로 상대를 기쁘게 하는 법을 깨달아가게 됩니다. 그러나 부모가 시도 때도 없이 칭찬만 늘어놓으면 아이는 오히려 자신의 행동에 분별력을 잃고 칭찬의 효과도 빛이 바래게 됩니다. 따라서 칭찬은 칭찬받을 일을 했을 때, 칭찬받을 행동에 대해 구체적이고 진심을 담아 칭찬해주도록 하세요.

(4) 아이와 눈높이로 대화하세요.

아이와 눈을 마주치고 대화하는 일은 신뢰감과 직결됩니다. 눈과 눈의 마주침은 서로의 마음을 들여다보는 중요한 수단이기에 공감대를 나누고 의견을 수용할 수 있는 기회가 됩니다. 부모와 눈을 마주치고 대화하는 순간 아이는 자신이 하나의 인격체로 존중받고 있다는 것을 느끼며 부모에게 신뢰감을 갖게 됩니다. 이럴 때 부모는 아이에게 뭔가를 수행하길 원하면 아이의 행동을 이끌어내는 데 좋은 효과가 있습니다. 하지만 이런 지시를 할 때도 긍정적인 언어를 사용하도록 주의해야 합니다. 예를 들어 "너 빨리 장난감 정리 안 해!"라는 부정적이고 일방적인 지시 또는 "숙제 빨리 해!" 등 명령조로 하는 너 전달법(You Massage)보다 "네가 숙제를 안 하니까 엄마가 기분이 안 좋아." "엄마는 네가 장난감을 정리해주면 청소가 쉬울 것 같아." 등의 나 전달법(I Massage)으로 분명하지만 부드럽게 아이이 행동으로 인해 상대가 느끼는 감정도 함께 표현해주세요.

(5) 아이가 스스로 경험을 쌓을 수 있도록 해주세요.

아이는 자신이 한 일로 뿌듯함과 자긍심을 느끼게 됩니다. "저거 해본 적 있어!", "이거 내가 한 거야!"와 같이 자신이 직간접적으로 보고 체험한 것을 통해 즐거움을 얻고, 할 수 있다는 자신감이나 자부심을 갖게 됩니다. 그래서 다른 새로운 일이나 사람을 만나도 스스로 해결할 수 있는 능력을 믿게 되는 것이지요. 반면에 엄마가 아이가 해야 할 일을 대신하면 아이는 앞으로도 자신에게 주어진 문제를 해결하지 못하고 책임감도 떨어지게 됩니다. 따라서 아이 나이에 맞는 적절한 일들을 정해서 스스로 할 수 있도록 해본 다음 어려운 것은 엄마와 함께 해결해간다면 공감대도 쌓고 자신감과 책임감도 배울 수 있게 될 것입니다.

(6) 죄책감을 느끼지 않게 꾸중하세요.

아이가 잘못을 했을 때 꾸중은 칭찬보다 더욱 조심해야 합니다. 비난하거나 무시하는 식의 꾸중은 아이에게 수치심과 모멸감을 느끼게 할수 있습니다. 가령 "너 때문에 엄마가 창피해." "형(동생)은 괜찮은데 넌 왜 그 모양이니?"와 같이 아이가 죄책감을 느끼게 하는 꾸중은 아이가 잘못을 깨닫고 뉘우치기보다 자신의 존재감과 자신감을 떨어지게 하고 부정적인 생각을 갖게 합니다. 때문에 아이를 꾸중할 때는 감정적이지 않은 '일관성' 있는 태도로 아이의 인격을 문제 삼는 것이 아니라 행동을 꾸짖는 것이 옳습니다. 그리고 혼내기 전 아이가 왜 그런 행동을 했는지 물어보고 이유를 찾아내 조심스럽게 꾸중하고 바른 해결법도 같이 알려줘야 합니다. 그래야 아이는 자신의 행동이 어떻게 잘못됐는지를 깨닫고 고쳐기 위해 노력하게 됩니다.

(7) 사람과 어울리면서 인성을 키워나가도록 해주세요.

아이들은 대체로 친구를 사귀고 어울리면서 사회성을 키워갑니다. 하지만 어린아이들의 경우에는 자아가 형성되는 시기라 '자기 것'과 '자기가 하고 싶은 일'에 강한 집착을 갖게 되어 종종 또래 아이들과 부딪히는 경우가 발생합니다. 이럴 때는 무조건 내 아이에게 양보를 강조할 것이 아니라 타이르며 배려와 인내를 배우도록 도와줍니다. "너는 친구 다음에 가지고 놀면 되겠지?", "친구가 다 끝내면 너 보고 해보라고 할 거야" 등등 양보의 의미와 참는 법을 배워나가도록 하며 더불어 친구들과 함께 우정을 키울 수 있는 기회를 만들어주는 것이 필요합니다.

4. 아이의 마음을 이해하자

간혹 부모들은 아이를 자신과 동일시하는 경향이 있습니다. 아이를 마치 자신의 소유물로 여겨 아이의 의견과 생각에 대해 인식하지 않는 경우가 있습니다. 이는 '아이의 마음이 내 마음이며, 내 생각이 곧 아이의 생각'이라고 착각해서 아이에 대한 배려를 하지 못하는 것입니다. 대개이런 부모들은 아이의 의견을 전혀 귀담아듣지 않고, 듣더라도 먼저 자신의 생각을 강요하여 합리화시키고 무시하기도 합니다. 은연중에 아이에게 지시와 복종을 강요하는 육아법을 보이며, 불성실한 아이의 태도에 대해서는 반항이라는 극단적인 생각을 하기도 합니다. 즉, 아이의 마음을 이해하려는 노력을 전혀 하지 않는 것입니다.

이러한 부모의 태도는 무의식적으로 자주 노출됩니다. 아이가 무엇을 하고자 할 때 이유를 묻지 않고 행동에 대한 시비를 가리거나, 아이의 의견을 묻지도 않고 부모 마음대로 결정해 버리는 행동들은 흔히 볼 수 있는 행동입니다. 간혹 한의원을 방문한 부모들도 아이에게 던진 질문에 먼저 대답하여 마치 아이가 그런 것처럼 말하곤 합니다. 이럴 때면 부모

207

가 아이에 대해 얼마만큼 알고 이해하고 있는지 사뭇 궁금해집니다.

　부모가 아이의 마음을 이해한다는 것은 육아법의 가장 기본이라 할 수 있습니다. 부모가 아이의 마음을 이해하지 못한다면 아이는 자신이 부모에게 존중받고 있지 않다고 여겨 자아 형성에 영향을 받고, 부모의 일방적인 감정을 강요받아 내부에 '화'가 생기게 됩니다. 또 자신의 감정이나 생각을 이야기하는 것에 익숙하지 않아 점점 내성적이고 소극적인 아이로 변하며 결국 자신감이 없는 아이로 자라나게 됩니다. 부모에게 이해받지 못한 아이들은 마음의 상처를 받아 심, 비, 위 기능이 약해집니다. 아이를 이해하지 못하는 부모는 아이의 감정을 수용하지 않고 무조건 부정하는 경향이 있습니다. 그래서 아이가 자기 마음을 몰라줘 서운하고 억울해 운다거나 투정과 짜증을 부려도 부모는 적극적인 문제 해결을 하는 것이 아니라 경고조로 훈계를 하게 됩니다. 우는 아이에게 "울지 마, 뚝!", "뭐가 부족해서 울어?" 등과 같이 아이의 슬픔을 그대로 인정하지 않고 나쁘고 잘못된 것으로 치부해 버리는 것입니다. 이럴 때 아이들은 부정적인 생각과 행동을 자연스럽게 받아들이게 됩니다. 흔히 이런 아이들은 비위가 허약하여 소화가 잘 되지 않고, 기가 약해서 에너지가 부족한 경우가 많습니다. 특히 비위의 허약으로 소화기 계통의 질환을 자주 앓기 때문에 면역력이 떨어지고 기력이 쇠하여 다른 질병에도 잘 걸리게 됩니다. 따라서 부모의 몰이해가 허약아를 만들기도 합니다.

더욱이 아이가 우는 원인이 단순한 불평이 아닌 질환에 의한 것이라면 일방적인 부모는 아이의 건강 상태를 미처 파악하지 못해 치료 시기를 놓치기도 합니다. 때문에 아이는 결국 잔병을 큰 병으로 키워 본의 아니게 고생을 하기도 합니다.

아이가 배가 아프다고 울고 있을 때 부모가 "그래 내가 뭐랬어. 아이스크림 많이 먹지 말라고 그랬지!"라고 하기보다 "응. 배가 많이 아프구나. 배를 문질러줄까?"라고 하는 등 부모가 아이의 마음을 이해해주고 공감해주는 것이 아이의 마음을 상하지 않게 하는 행동이 되고 이것이 곧 아이의 건강을 위하는 것이 되기도 합니다. 아이의 감정을 파악하고 이해해주는 것만큼 아이를 보살피고 사랑하는 방법은 아마도 없을 것입니다.

아이를 이해하려는 노력이 필요하다

우선 부모가 자녀를 이해하기 위해서는 부모와 자식 간의 유착관계를 떼어내고 아이를 소유물이 아닌 하나의 인격체로 인정해야 합니다. 우리가 흔히 친구나 타인에 대해 한 사람으로서 존중해주는 것처럼 아무리 어린 자녀라도 서로를 존중해야 하는 것이 자녀 교육의 핵심입니다. 그러나 아직까지 가정에서는 부모의 권위가 중요시되기 때문에 자녀에게 일방적으로 강요하는 경우가 많습니다. 아무래도 부모가 아이에게 자신의 입장을 이해시키려는 의도가 밑바탕으로 깔려 있기 때문입니다.

"엄마는 밥하고 청소하는데 너는 그거 하나 못 도와줘!" "네가 이러면 엄마가 더 창피해. 창피해서 얼굴을 못 들고 다니겠어." 등과 같이 자신의 심리를 아이를 통해 보상받기를 원하는 것입니다.

심지어 아파서 울고 짜증내는 아이에게 "엄마도 힘들어 죽겠어."와 같은 말로 보상과 또 다른 부담을 안겨주기도 합니다. 물론 아이의 간병으로 제대로 쉬지 못하고 녹초가 된 부모도 누군가 자신의 노력을 알아주고 위로받고 싶을 것입니다. 하지만 그 대상이 결코 아이가 되어서는 안 된다는 것입니다.

아이들은 어른들의 이해관계와는 상당히 다릅니다. 아직 미성숙한 아이들은 어른들에게 아무것도 아닌 일을 이해하는 데 상당한 시간과 노력을 쏟아야 합니다. 예를 들어 '2+2=4'가 되는 것과 같은 원리도 아이들은 매우 어렵게 느낍니다. 어른도 다 이해하지 못하는 사람의 감정이라는 것을 아이에게 요구한다면 당연히 무리가 될 수밖에 없습니다.

사실 아이들은 시기에 맞는 발달 단계가 있습니다. 신생아 때는 감각적 발달·반응, 유아기는 인지·정체성·자아, 아동은 자라면서 논리적 개념과 사고·이성 등이 발달하여 점차 인성과 사회성을 배우게 됩니다. 때문에 자아를 배워가는 소아에게 타인의 감정을 이해시키려는 것은 기어다니는 아기에게 뛰어보라고 하는 것과 같습니다.

이 같은 사실을 모르고 자신의 감정만 토로하는 부모는 아이에게 이해받기는커녕 오히려 상처를 입게 되는 것입니다. 아이는 자신이 아파서 부모가 미워한다고 생각하거나 혹은 자신 때문에 부모가 힘들어한다고 생각하여 소외감과 죄책감을 동시에 느끼게 되는 것이지요.

부모는 성인입니다. 자녀를 이해할 수 있는 충분한 인성을 가지고 있습니다. 반면에 아이는 자기 감정에 충실하나 다른 이에 대입하는 방법이 서툴다 보니 부모의 입장을 쉽게 이해할 수 없습니다. 그러므로 부모가 먼저 아이의 마음을 이해하고자 노력하는 것이 제일 자연스러운 일일 것입니다. 만약 아이를 이해하려고 부모가 노력을 보인다면 아이도 차츰 부모의 마음을 깨달아 서서히 이해관계가 싹틀 것입니다.

아이의 마음을 이해하는 방법

내 아이를 이해하기 위해서는 첫 번째, 아이들의 발달 단계를 알아야 합니다. 아이들의 발달 심리를 모르면 아이를 지도하거나 학습시키는 데 있어서 효과적으로 진행할 수가 없습니다. 마냥 갓난아기 취급하거나 너무 앞서 나가면 아이들의 시기에 맞는 발달이 이뤄지지 않을 뿐 아니라 부모도 아이의 마음을 이해하지 못하고 자신의 판단대로 육아를 하는 수밖에 없습니다.

두 번째, 아이의 기분을 인정해주는 일입니다. 아이의 기분을 인정해준다는 것은 그만큼 자녀의 의사를 최대한 존중해준다는 의미와 같습니다. 표현이 서투른 아이들은 확실히 자신의 생각을 말하기보다 감정적

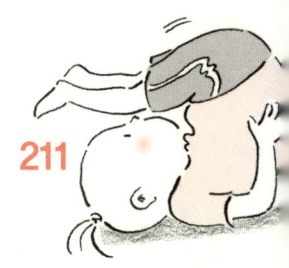

211

으로 표출하는 것이 빠릅니다. 그래서 아이의 감정은 곧 아이의 생각이기도 합니다. 혹시나 아이의 감정이 매우 불안하다고 느낄 때, 부모가 억지로 아이의 행동을 강요하기보다는 "그래, 지금 네가 엄마에게 화가 났으니까 풀리면 얘기해줘."와 같이 다독이고 시간을 준 다음 해결하는 것이 좋습니다.

또, 아이가 아플 때는 아이의 괴로움을 받아들이는 것이 좋습니다. 이럴 때는 설사 아이가 꾀병으로 엄살을 부린다 해도 "네가 아프니까 엄마 마음도 너무 아프구나. 우리 함께 빨리 나을 수 있도록 기도하자."와 같이 공감대를 형성하며 다독여주는 것이 좋습니다.

세 번째, 아이의 마음을 읽는 것은 역시 많은 대화를 나누는 것처럼 효과적인 것이 없습니다. 여가 시간에 주로 아이의 눈을 마주하며 유치원 생활이라든가, 친구 이야기, 책이나 TV를 통해 느낀 것 등 관심 거리를 질문해주세요. 그리고 진지한 태도로 들어주는 것이 중요합니다. 그렇게 하면 아이는 자신의 느낀 점, 좋아하는 것과 싫어하는 것, 고민 등을 이야기하게 되고 부모는 이 순간 아이의 생각이 어떤지를 잘 알 수 있습니다.

넷째, 일방적인 명령 대신 설득하는 것을 원칙으로 합니다. 부모가 일방적으로 시키는 일은 아이에게 어렵거나 힘든 일로 생각되기 쉽습니다. 때문에 아이가 그 일을 하고자 하는 의욕보다 먼저 거부감을 느끼며 자신감을 잃게 되는 것이지요. 때문에 아이의 의견을 물을 수 있는 질문 형식으로 아이 스스로 행동하도록 유도하는 것이 중요합니다. "엄마는 네가 조금만 얌전하면 일찍 끝내고 너와 놀 수 있을 텐데…. 그래줄 수 있겠니?"라고 말하는 겁니다.

다섯 번째, 아이를 훈육할 때는 짧고 분명하게 그리고 긍정적으로 말해주세요. 아이가 잘못을 했다고 해서 "하지 마!", "다음부터 또 그러면 혼낼 줄 알아!"와 같은 위협적인 말로 아이를 훈육하면 아이가 자신의 마음을 감추게 되는 결과를 낳게 됩니다. 그리고 다음에도 똑같은 상황이 발생하면 아이는 엄마가 자신을 미워하고 외면할까봐 진실을 숨기고 거짓말하게 되는 것이지요. 따라서 아이를 훈육할 때는 감정에 치우치지 않고 이유를 설명한 다음, 아이가 약속을 지킬 것이라는 믿음을 심어줍니다. "공공 장소에서 떠들면 다른 사람들에게 피해를 주는 거야. 엄마는 네가 조심해줄 거라고 믿어."와 같이 말이죠.

그 밖에 아이의 약점을 장점으로 바라보는 것이 좋습니다. 가령 산만한 아이라면 산만하다고 지적할 게 아니라 오히려 차분하게 있을 때 칭찬해줘 아이가 그 순간에 무엇이 좋은 행동인지 깨닫게 합니다. 이 같은 방법은 부모도 아이를 바라보는 시각이 긍정적으로 바뀌게 돼 부모와 아이 모두에게 좋은 방법이라 할 수 있습니다. 이처럼 작은 노력에서부터 시작해 조금씩 아이의 마음을 두드리면 분명 아이는 문을 활짝 열고 부모가 원하는 모습으로 변해갈 것입니다. 따뜻한 햇볕이 나그네의 옷을 벗겼듯이 부모의 관심과 사랑 그리고 정성이 아이를 이해하고 바른 습관을 들이는 최고의 교육이라는 것을 잊지 마세요.

아이들의 협조를 얻을 수 없는 행동 ▬ ▬ ▬ ▬ ▬ ▬ ▬

(1) 아이를 비난하거나 몰아붙이는 태도

(2) 아이들에게 부정적인 언어로 단정적으로 말하는 버릇

(3) 위협적인 말과 행동

(4) 무표정하거나 굳은 표정으로 명령하는 태도

(5) 끝없는 잔소리로 일장 연설하는 태도

(6) 잘못된 행동에 대한 대가를 경고하는 태도

(7) 남과 비교하여 다그치는 태도

(8) 아이의 행동을 비웃고 조소하며 비아냥거리는 태도

(9) 부정적으로 예언하여 겁을 주는 태도

5. 부모의 습관이 아이의 병을 키운다

아이가 잔병에 걸리거나 늦게 낫는 것은 순전히 아이의 문제만은 아닙니다. 우리가 흔히 자녀를 '부전자전', '붕어빵'이라고 부르는 것은 그만큼 아이가 부모와 닮아 있기 때문입니다. 외모뿐 아니라 말투, 체질까지 아이들은 부모의 유전적인 요소를 고스란히 물려받고 생활 습관까지 닮게 됩니다. 부모의 식습관이나 행동양식, 인성이나 성격, 정서적인 부분까지도 아이들은 부모의 모습을 따라할 수밖에 없습니다.

왜냐하면 아이에게 부모는 세상에 태어난 후 가질 수 있는 가장 확실한 유착관계인 동시에 첫 선생님이기 때문입니다. 성장하면서 결혼에 이르기까지 자녀는 가정에서 대부분의 시간을 보내기 때문에 자연히 그 속에서 학습하고, 습관이 생기고, 익숙해지는 것입니다. 그래서 아이의 생활을 보면 부모의 생활을 아는 것처럼 '아이는 부모를 비추는 거울'이라고 하는 것입니다.

아이들의 습관이나 버릇은 아무것도 모를 것 같은 신생아 시기부터 형성이 됩니다. 아이들은 태어나는 순간부터 부언가를 배우려는 눈빛과 몸짓을 하게 되지요. 그리고 이 시기에 형성되는 습관들은 고치기 힘듭니다. 속담에도 '세살 버릇 여든까지 간다.'고 하지 않습니까? 정확히 말해 3세 이전에 형성된 습관들은 제때 고쳐주지 않으면 평생을 가게 됩니다.

그리고 3세 이전의 아이가 잘못된 생활 습관을 갖는 것은 부모의 잘못된 육아 태도나 생활 습관 때문일 수 있습니다. 분별력이 없는 유아들은 뭐든지 스펀지처럼 흡수하려는 성질이 있어서 부모의 행동을 따라합니다. 더욱이 아이들은 부모와 닮고 싶고 동등해지고 싶은 욕구가 있기 때문에 부모의 행동이 마치 훌륭한 어른의 자세인 줄 알고 무조건 받아들이게 되는 것이지요. 따라서 부모가 올바른 생활 습관을 가지고 있지 않으면 아이의 습관도 잘못된 태도로 갈 수밖에 없는 것입니다.

3세 이전의 시기는 아이의 선천적 면역력이 떨어지고 자가 면역력이 생성되는 중요한 시기입니다. 자가 면역력의 생성은 앞서 말했듯이 식습관, 생활환경, 정신 건강 등에 따라 달리 나타난다고 했습니다. 이는

215

즉, 아이의 면역력은 부모의 습관에 의해 결정되며 질병 역시 매우 밀접한 상관관계를 갖는다는 것을 의미합니다.

부모의 습관에 의해 면역력에서 차이를 보이므로 질병을 대처하는 능력이나 질병에 걸리는 횟수도 차이를 보이는 것입니다. 그러므로 아이의 건강은 부모가 어떠한 생활 습관을 가지고 있느냐가 중요한 관건이 되는 것입니다. 따라서 부모는 아이의 나쁜 버릇을 어떻게 고쳐줄까를 고민하기보다는 나의 습관이 올바른지 먼저 돌이켜보고 좋은 생활 습관을 갖도록 노력하는 자세가 중요합니다.

아이를 병들게 하는 부모의 잘못된 습관

한의학에서는 잔병을 유발하는 근본 원인을 스트레스, 식습관, 생활환경의 그릇된 방식에서 찾고 있습니다. 대개 아이들은 부모의 잘못된 습관에서 건강을 해치는 생활 방식을 갖게 됩니다. 때문에 아이의 잔병은 부모의 태도가 원인이 된다고도 할 수 있습니다.

예를 들어 신경질적이고 부정적인 부모는 아이 또한 부정적이고 예민하게 만들어 정서적인 성장에 악영향을 미칩니다. 이런 아이들은 다른 아이에 비해 사건 해결 능력과 긍정적으로 받아들이는 능력이 현저히 떨어져서 남들보다 스트레스를 많이 받게 됩니다.

그리고 균형 잡히지 않고 불규칙적인 음식, 즉 부모의 기호 음식이나 바람직하지 않은 식생활 태도는 아이에게 편식을 유발하고 몸의 리듬을 깨는 원인이 되기도 합니다. 게다가 부모가 운동을 전혀 하지 않는다거나, 가족의 친목 등에는 관심이 없고 말없이 TV를 본다거나 음식을 먹으면 바로 눕기부터 하는 사소한 습관들은 아이가 그대로 보고 배워서 따라하게 됩니다. 이러한 생활 습관은 당연히 건강에 악영향을 끼치게 되고 결국 부모의 잘못된 습관은 본인뿐 아니라 자녀의 병을 만드는 습관이 되는 셈입니다.

우리는 언제나 나쁜 짓을 먼저 배운다고 하지요. 실제로 나쁜 것은 바른 행동을 배우는 것보다 빠른데, 아이들의 경우에는 나쁜 일에 대한 인식조차 하지 못하고 무의식적으로 행동을 받아들이고 따라한다는 데 문제가 있습니다. 그래서 부모가 잘못을 고치지 않고 주의를 주지 않으면 아이의 습관은 올바르게 정착할 수 없습니다.

아이를 병들게 하는 부모의 잘못된 습관은 자신이 의식하지 못하는 순간에 행동합니다. 때문에 객관적이고 구체적으로 자신의 잘못을 파악할 수는 없습니다. 그러므로 다음과 같은 그릇된 습관들을 보고 자신이 왜 이같이 행동하는지 각성해볼 필요가 있습니다.

부모의 잘못된 습관은 첫째, 부모의 성격과 심리 상태에 있습니다. 평소 자신이 예민하고 신경질적이며 감정 기복이 심하고 스트레스를 잘 받는 성격인지 혹은 그런 모습을 아이에게 자주 보여줬는지 객관적으로 돌이켜볼 필요가 있습니다. 본인이 자신의 성격을 객관적으로 판단할 수 없다면 주변 사람의 자문을 구하는 것도 좋습니다. 부모가 안정되고 열린 마음을 가져야 자녀도 스트레스를 받지 않고 안정되며 마음을 열고 사람에게 다가가는 법을 배우게 되는 것입니다.

두 번째, 부모의 말투에 있습니다. 단호하고 차가우며 부정적인 말로 사람을 대하고 있지는 않은지 확인해야 합니다. 똑같은 말을 해도 "너는 할 수 있을 거야!"와 "네가 할 수나 있겠어?"에는 분명한 차이가 있습니다. 긍정적이고 확신을 심어주는 말은 아이의 기를 살려 주지만, 부정적이고 회의적인 말은 아이에게서 있던 기마저 죽이는 꼴이 됩니다. 따라서 자신은 평소에 어떻게 말을 하고 있는지 살펴보도록 하세요.

세 번째, 부모의 행동에 있습니다. 과격하거나 게으르다거나 비위생적인지, 그리고 비활동적이며 아이와 잘 놀아주지 않는 부모인지 체크해 보세요. 평소 자신의 하루 생활을 메모하여 아이에게 나의 행동이 어떻게 비춰지는지를 아는 것도 중요합니다. 나의 행동은 곧 아이의 행동이기 때문입니다.

네 번째, 부모의 잘못된 육아 상식입니다. 의외로 많은 분들이 잘못된 육아 방식으로 아이를 병들게 합니다. 가령, 아기는 하루에 한 번은 목욕을 시켜야 한다거나, 잠자던 아이가 깨면 곧바로 업거나 혹은 안아준다거나, 항균 소재의 옷만 입히는 등의 상식적인 문제입니다.

사실 아기는 하루에 한 번 목욕하면 피부가 건조해져 오히려 알레르기성 피부 질환을 일으킬 수도 있고, 목욕은 첫 돌이 될 때까지 일주일에 두세 번 정도 하는 것이 좋습니다. 특히 신생아의 경우 배꼽이 떨어지기 전까지는 물수건으로 닦아주기만 하면 됩니다. 그리고 잠자던 아이를 달래려고 업고 안아주면 습관이 들어 나중에는 혼자 잠들려 하지 않습니다. 마지막으로 항균 소재 옷은 말 그대로 살균을 했다는 의미이기 때문에 오히려 아기의 살갗에 닿으면 피부염을 일으킬 수도 있습니다. 따라서 아이를 양육할 때는 확실하고 제대로 된 방식으로 키워야 잔병과 큰 병 모두를 예방할 수 있습니다.

219

다섯째는 식습관의 문제입니다. 부모가 귀찮다고 아이의 먹을거리를 간단하거나 좋아하는 걸로만 먹이거나 반대로 규칙적이지 않고 부모 위주의 식사를 한다면 아이의 성장 발육에 큰 영향을 끼칩니다. 아이들은 성장하는 동안에 필수로 섭취해야 하는 영양소들이 있습니다. 부모가 그런 아이의 식단을 무시하지 말고 규칙적이고 영양가 있는 식습관을 만들어주는 것이 좋습니다.

위의 사항들 잘 체크해보고 자신이 부모 역할을 제대로 하고 있는지 되짚어보도록 하세요. 사실 아이가 생후 15~18개월이 될 무렵에는 부모가 올바른 육아 태도를 확립하고 있어야 합니다. 그래야 아이가 부모의 잘못된 습관을 답습하지 않게 되는 것입니다. 그러나 이미 지났다고 해도 자신의 문제점을 파악하고 고치려고 노력한다면 아이도 부모의 행동을 따라하여 차차 잘못된 태도를 개선해나갈 것이 분명합니다. 아이들을 키우는데 부모가 가져야 할 좋은 습관은 단 하나입니다. 자신이 모범이 될 것!

2.
좋은 환경이
건강한 몸을 만든다

'새집증후군', '아토피피부염', '알레르기성 질환' 등과 같이 근래에 더욱 많이 생긴 질환들은 환경적인 요인에 의해 발병하는 것으로 알려졌습니다. 날이 갈수록 점점 심해지는 환경오염 문제와 유해물질들의 범람, 아이들의 고립 등 환경적인 이유로 발병하는 질환들을 흔히 '현대병'으로 불리며 빠르게 퍼져나가고 있습니다. 현대병의 최대 피해자는 면역력이 약한 성장기의 소아들이라고 할 수 있습니다.

우리는 좋은 환경에서 건강한 아이가 자란다는 것을 매우 당연한 사실로 받아들이고 있습니다. 그러면서도 환경 개선의 노력 없이 아이가 질

221

병으로부터 벗어나 건강하게 무럭무럭 자라나기를 바란다는 것은 어쩌면 조금은 과한 욕심일지도 모릅니다.

흔히 주변 환경이 나쁘면 '없던 병도 생기겠다.'고 하지 않습니까. 내 아이가 건강하게 자라나는 조건은 그만큼 '좋은 환경을 갖추고 있느냐'가 관건이기도 합니다.

따라서 이제 아이의 질병 치료는 전문 의료기관의 영역을 벗어나 우리와 가장 밀접한 환경에서 그 원인과 예방을 찾아야 할 때입니다. 아이들의 건강을 위해서라면 지금 주변 생활환경을 다시 한 번 점검해보고 개선하려는 의지와 노력이 필요한 때입니다.

6. 규칙적인 생활이 튼튼한 아이를 만든다

우리의 몸은 생체 리듬이 있습니다. 아침에 일어나서 활동하고 밤에 잠을 자야 맑은 정신과 건강한 신체를 유지할 수 있습니다. 이러한 시간이 규칙적이면 생체 리듬이 활성화되고, 반대로 리듬이 깨지면 신체 기능은 떨어지고 정신도 몽롱하며 다음날도 기운 없이 보내게 됩니다.

이는 내부 장기가 활성화되지 않아 제 역할을 하지 못하고 체내에 노폐물이 쌓여 기혈 순환이 제대로 이뤄지지 않고 있음을 의미합니다. 또 신체건강에 균열이 가고 있다는 표시기도 합니다. 한 번 몸이 균형을 잃게 되면 질병이 생기기 쉽고 회복하는 것이 어렵습니다. 때문에 규칙적인 생활은 곧 건강할 수 있는 우리 몸의 기본적인 환경을 만들어주는 일인 것입니다.

한의학에서는 사람이 질병 없이 건강하게 오래 살아가는 방법을 섭생(攝生) 혹은 양생(養生)이라 합니다. 하늘과 땅의 이치를 알고, 자연의 리듬에 따라 생체 리듬을 유지하며 살아가는 것으로 규칙적인 생활도 바로 이런 섭생의 일부라 할 수 있습니다. 규칙적인 생활을 지키는 것은 질병 없는 건강한 삶을 꾀하는 방법인 것입니다. 특히 아이들에게 있어 규칙적인 생활은 매우 중요합니다. 규칙적인 생활은 성장기 아이들에게 몸의 균형을 유지해주고 기혈 순환을 원활하게 해 면역력을 높여주는 데 큰 역할을 하고 있습니다.

기존의 흐트러져 있는 장부의 허(虛)와 실(實)을 조절하여 균형을 이루도록 하고, 숙면을 취하며, 근육과 뼈의 성장을 도와 키를 잘 자라게 합니다. 또한 원활한 생체 리듬으로 머리가 맑아지고 두뇌 회전이 빠르며 정서 발달에도 좋은 영향을 주고 있습니다. 따라서 아이는 규칙적인 생활을 통해 육체적·정신적으로 건강을 얻을 수 있게 되는 것입니다.

건강을 유지하기 위한 아이들의 규칙적인 생활은 청결 습관, 식사 습관, 잠자리, 운동 등으로 크게 나눌 수 있습니다. 각각의 올바른 생활 방식은 다음과 같습니다.

223

▶ 청결한 습관 길들이기

아이들의 연령과 발달 수준을 고려해 손 씻기, 세수하기, 양치질 등 청결한 습관을 들이도록 해줍니다. 손 씻는 습관 하나만 잘 들여도 질병의 60~70%는 예방한다고 합니다. 우리의 손은 무언가를 끊임없이 만지고, 집고, 만들기 때문에 병균에 가장 많이 노출되는 부위입니다. 그래서 우리 손은 보이지는 않지만 온갖 병균으로 우글거리고 있습니다. 병균이 묻어 있는 손이 입이나 눈, 코 등을 통해 우리 몸 안으로 침범해 허약한 장기 부위를 찾아 염증을 일으키게 됩니다. 이때 체력이 좋고 면역력이

높은 아이는 병균과 싸워 사기(邪氣)를 물리칠 수 있지만 허약하고 면역력이 낮은 아이는 다양한 질병으로 고생하게 됩니다.

또한 손을 통해서 집단적인 전염병이 일어나기도 합니다. 손은 또 다른 사람에게 병을 옮기는 수단으로 전염성이 강한 병균이 번지면 유행성 질환을 만들기도 합니다. 따라서 아이에게 손 씻는 습관을 들인다면 이와 같은 사기(邪氣)의 침입을 어느 정도 막을 수 있는 것입니다. 화장실에 다녀온 후, 외출에서 돌아온 후, 코를 풀거나 기침·재채기를 한 후, 육류나 생선, 해산물, 먼지, 곤충, 애완동물 등을 만진 뒤 음식물을 먹거나 요리하기 전, 돈을 만진 뒤, 상처를 만진 뒤, 기저귀를 갈거나 콘택트렌즈를 끼거나 빼기 전, 책이나 컴퓨터를 만진 뒤에는 반드시 손을 씻는 습관을 들이는 것이 좋습니다. 이 외에도 평소 자주 손을 씻어 건강을 지키고, 아이뿐 아니라 부모 역시 반드시 지켜야 하는 생활 수칙이 바로 손 씻기입니다.

그 밖에 세수와 양치질도 자주하여 더러운 오염 물질이나 병원균을 씻어주어야 합니다. 음식물을 섭취하는 입 속에도 세균이 빠르게 번식하고 몸속으로 들어가기 쉽습니다. 따라서 양치질을 해주지 않으면 세균이 치아를 부식시키고 썩게 할 뿐 아니라 구강이나 몸속으로 들어와 염증을 만듭니다. 심한 경우에는 치아의 세균 때문에 사망까지 한 보고도 있어서 외출 후나 음식물 섭취 후에는 반드시 양치질을 하고 세수를 해서 유해 물질을 없애도록 합니다.

건강을 지키는 쉬운 방법, 손 씻기

손은 비누로 깨끗하게 씻어야 효과가 있다. 그러므로 흐르는 물에 손과 팔목을 적시고 손에 비누를 묻혀 거품을 충분히 낸 후 15초 동안 흐르는 물에 아이의 손을 씻기거나 스스로도 손을 씻어야 한다.

손을 씻을 때는 손바닥과 손바닥을 마주대고 문지른 뒤 손가락을 깍지 낀 상태에서 손바닥으로 손등을 문질러준다. 손바닥을 마주 대고 깍지를 끼고 문지른 다음 손등을 반대편 손바닥에 대고 문질러준다. 엄지손가락을 다른 쪽 손바닥으로 돌려주면서 문질러주고 손가락을 반대편 손바닥에 놓고 문지르며 손톱 밑을 깨끗하게 한다. 그런 후에 흐르는 물로 비눗기를 완전히 씻어내고 수건이나 종이 수건으로 물기를 제거하면 된다.

▶ 규칙적인 식습관 길들이기

아이들은 밥을 먹기 싫어하고 부모들은 간단하게 식사를 해결하기를 바랍니다. 특히 맞벌이 가정에서는 식사를 준비하는 것이 번거롭고 귀찮을 뿐 아니라 제때 식사 시간을 맞추기도 어려워 대충 먹거나 외식으로 때우는 경우가 많아졌습니다. 하지만 한창 성장을 시작한 아이들에게는 매우 좋지 않은 습관이기도 합니다.

아이에게 음식은 무엇보다 중요합니다. 식물이 아무리 햇볕 좋은 곳에 있어도 물이 없으면 말라 죽듯이 아이 역시 아무리 좋은 환경 속에 있어도 영양가 있는 음식을 섭취하지 못하면 질병에 걸리기 쉽습니다. 따라서 아이들에게는 영양가 있는 음식을 골고루 섭취하게 하고 하루 세 번 규칙적으로 식사를 준비해주는 것이 건강 유지에 큰 도움이 됩니다.

아침·점심·저녁의 시간 간격을 잘 배분해 일정한 식사 시간에 적당량의 음식을 먹도록 하고, 간식을 먹는 횟수와 시간도 정해야 합니다. 간식은 하루에 2번 정도가 적당하며 음식을 먹을 때는 천천히 음미하며 먹는 습관을 길러주도록 하는 것이 좋습니다.

그러나 유아기 아이들은 식사 습관을 길러주는 것에 애로사항이 많습니다. 애당초 밥 먹는 것을 싫어하거나 자신의 시간에 방해받는 것을 원치 않기 때문에 먹지 않겠다고 떼를 쓰기도 합니다. 이런 경우에는 식습관을 들인다고 해서 아이에게 억지로 먹이려 하면 오히려 거부감만 커져 좋지 않습니다. 그러므로 이런 때는 아이의 마음을 헤아려 넘어가주고 배가 고플 때까지 기다렸다가 아이가 원할 때 먹이는 것이 좋은 식사 습관을 길들이는 방법입니다.

그리고 또 하나는 아이의 아침밥을 꼭 챙겨주어야 한다는 것입니다. 아침밥은 잠자고 있는 두뇌를 자극해 창의력과 사고력을 높여주는 역할을 하며, 밤 사이 흐트러진 몸의 균형을 잡아주기도 합니다. 요즘 아이들은 아침에 학교나 유치원 등으로 바빠 아침밥을 거르는 경우가 많은데, 이럴 때는 빵과 우유, 생식이나 시리얼 등을 준비해 간단하더라도 반드시 탄수화물을 섭취할 수 있도록 하는 것이 좋습니다.

▶ 올바른 잠자리 습관 길들이기

아이들은 잠을 자는 동안 성장호르몬이 분비돼 성장이 이뤄집니다. 주

227

로 밤 10시에서 새벽 2시 사이에 호르몬 분비가 왕성하기 때문에 유아나 학령기 아이들은 가능하면 밤 9시가 되면 반드시 잠자리에 들도록 규칙적인 시간을 정해주는 것이 좋습니다. 물론 일찍 자고 일찍 일어나는 습관을 길러주는 것이 가장 이상적이라 할 수 있습니다.

아이의 잠자리 습관을 길들이는 방법은 우선 아이와 하루를 돌아보며 반성하는 시간을 갖고, 잠자리에 들기 전에 인사하는 것을 생활화합니다. 이런 습관을 들이게 되면 아이는 자신이 자야 할 시간을 확실히 깨닫게 되고 몸과 마음이 먼저 잠을 잘 준비를 하게 됩니다. 아이가 잠자리에 들면 엄마도 함께 잠자리에 드는 모습을 보여줘 늦게까지 깨지 않도록 재워줍니다. 이때 주의해야 할 것은 부모가 아이와 한 이불을 사용하지 말고 따로 준비해야 합니다. 이렇게 해야 아이는 부모와 독립된 잠자리에 드는 것을 점점 배우게 되는 것입니다.

서양에서는 만 3세가 넘으면 부모와 따로 떨어져 자기도 하지만 이 시기에는 유치원 등 새로운 환경에 적응하는 시기이므로 오히려 갑자기 떼어 놓으면 아이에게 불안감을 줄 수 있습니다. 때문에 처음 어느 정도는 부모가 옆에서 편안한 마음으로 잠자리에 들도록 책을 읽어주고, 잠자리 습관에 대해 설명하며 스스로 일정 시간에 잠들 수 있도록 도와주어야 합니다. 단, 부모와 독립해 따로 잠자리에 들 때는 아이가 무서워하거나 도움을 요청할 때를 빼고는 아이 스스로 잠들 수 있도록 격려해 부모와 떨어져 잔다는 것을 계속 인식시켜 주어야 합니다. 이로써 아이가 확실하게 잠자리에서 독립하게 되고 규칙적인 습관을 스스로 들이게 되는 것입니다.

▶ 규칙적인 운동으로 건강 높이기

어릴 때 신체 활동량이 많을수록 아이는 잘 크고 건강해집니다. 운동을 게을리 하면 허약 체질인 아이가 되기 쉽고 무기력해져 주변 생활에 흥미를 잃게 됩니다. 적당한 운동을 하면 면역력이 강화되고 혈액순환을 증가시켜 장기도 튼튼해지고 호흡 기능도 강해집니다. 따라서 부모가 아이에게 규칙적인 운동을 시켜 아이의 건강을 지켜주는 것은 매우 중요합니다.

유아기에는 흥미만 있으면 끊임없이 몸을 움직여 오히려 운동시키는 일이 수월합니다. 아이에게 운동은 놀이의 연장선상이라는 인식과 함께 뛰어 놀기에 안전한 환경을 조성해주면 곧 '운동은 즐거운 것' 이라고 생각해 시키지 않아도 자연스럽게 하게 됩니다. 예를 들어 어린이 프로그램의 체조처럼 가볍고 즐겁게, 하지만 규칙적인 시간과 운동량을 지켜주며 적절히 운동하도록 유도합니다.

학령기 아이일 경우에는 걷기, 줄넘기와 같은 유산소 운동을 하는 것이 좋습니다. 아이 혼자 운동할 경우 지루해 하거나 운동이 힘들게 느껴질 수 있으므로 부모가 옆에서 말을 붙여가며 함께 운동을 해주는 것이 좋습니다. 그러면 학령기 아이 역시 운동을 즐겁게 여겨 꾸준히 지속할

수 있게 됩니다. 그리고 아이가 조금 더 자라면 또래 아이와 모여 활동하는 축구, 농구, 태권도 등으로 종목을 넓혀가는 것도 좋습니다.

혹시 아이가 혼자 운동하지 못할 경우라면 일정 시간 부모가 마사지를 해주는 것이 좋고, 영아들은 장난감이 손에 닿지 않는 거리에서 아이가 몸을 뒤집게 한다거나 기어와서 장난감을 잡도록 유도해주세요. 또 혼자 일어서서 걸을 때는 음악에 맞춰 율동을 하게 만들거나 공을 굴려 잡도록 하는 것이 좋습니다.

7. 숨쉬는 집이 건강을 지킨다

현대 생활에서 건강한 삶이란 오염되지 않은 공간 즉, 편안하고 안락한 장소에서 즐거운 생활을 하는 것입니다. 무엇보다 외부의 환경오염이 심각해지고 다양한 위험 요소가 늘어나면서 새로운 질병과 범죄가 아이들의 표적이 되기 때문에 이제는 집만큼 안전한 장소를 찾아보기 힘든 때입니다. 예전에는 밖에서 마음껏 뛰어놀던 아이가 집에 머무는 시간이 많아졌습니다. 때문에 집 환경의 중요성도 매우 커졌습니다. 집 안 환경에 대해 수시로 체크하고 신경을 쓰는 것도 건강과 밀접한 관계가 있습니다. 최근에 늘어난 아이들의 잔병을 보면 주로 집에 원인이 있거나 병을 악화시키는 요인이 많다는 것을 깨닫게 됩니다.

도시 생활과 아파트 가구가 늘어나면서 집을 짓는 방법도 예전과는 많이 달라졌습니다. 예전에는 친환경 소재로 집을 지었다면, 요즘은 화학 소재의 유해 물질로 집을 짓고 자연과의 소통을 막아 질병을 유발하는 세균이나 바이러스가 쉽게 번식할 수 있는 환경이 됩니다. 게다가 예쁜 집에는 신경 쓰지만 건강한 집에 대해서는 무관심하거나 무지한 터라 자칫 유해 물질을 뿜어내는 인테리어 소품들을 장식하기도 하고, 외부 대기오염은 꺼림칙해 하면서 정작 집 안 내부 공기는 염두에도 두지 않는다는 것도 문제가 됩니다.

물론 지금은 많은 미디어 매체들의 소개로 집안 환경에 관심을 갖기 시작하면서 다양한 친환경 제품들이 쏟아져 나오고는 있지만 아직도 집 안 구석구석에는 아이 건강에 영향을 주는 유해 물질들이 많다는 게 문제입니다. 따라서 이제 집도 더 이상 건강을 위해서 완벽하게 안전한 장소가 아닙니다. 숨어 있는 유해 물질들로부터 아이의 건강이 공격받고 있음을 주의 깊게 생각해 보아야 할 때입니다.

아이 건강을 해치는 집 안 유해 물질들

그렇다면 아이의 건강을 해치는 집 안의 유해 물질들로는 과연 어떤 것들이 있을까요? 첫 번째, 새집으로 이사를 가거나 생활 소품을 바꿨을 때 아이들의 건강이 악화되는 경우가 있습니다. 갑자기 없던 두통이 생

기고, 호흡기 질환이나 아토피피부염, 비염 등을 유발하고 눈의 따가움을 호소하기도 합니다. 이런 경우에는 '새집' 혹은 '새가구증후군'으로 '포름알데히드'라는 휘발성 유해 물질이 뿜어져 나오는 게 원인입니다.

포름알데히드는 여러 합성수지나 페인트, 접착제는 물론 건축 자재에 많이 함유돼 있는 유독 물질로 실내 공기를 오염시키고 면역력이 약한 아이들에게는 각종 질환을 일으킵니다. 심지어 포름알데히드는 우리가 흔히 사용하는 쓰레기봉투, 종이 타월, 티슈, 섬유제품, 도배지 등 생활에 폭넓게 자리 잡고 있어서 얼마든지 접할 수 있고 피하기도 여간 어려운 게 아닙니다. 따라서 이런 포름알데히드로 인한 새집·새가구증후군을 미리 예방하려면 '새집증후군'을 제거해주는 제품을 집안 벽이나 바닥, 새 가구에 골고루 뿌려준 후에 들이는 것이 좋습니다.

또한 새집은 시공 후 2~3년 동안 유해 물질이 방출되기 때문에 자주 환기시키고, 이사 전 베이크 아웃을 해주는 것이 좋습니다. 따라서 이사 전 최소 3일 동안은 고온 난방을 한 뒤에 강제로 환기시켜 휘발성 물질이 최대한 빠져나가도록 해주어야 합니다.

두 번째, 또다른 유해 물질은 집 안 곳곳에 숨어 있는 세균과 곰팡이입니다. 세균과 곰팡이는 아이들의 알레르기와 천식 등 기관지나 호흡기 질환을 일으키거나 악화시킵니다. 집 안에 세균과 곰팡이가 없는 곳은 어디에도 없습니다. 부엌 싱크대, 옷장, 침구·침대, 아이들 장난감, 화장실, 틈새 등. 그들의 서식지는 너무 광범위해서 모두 없애기란 쉽지 않습니다. 수시로 청소하고 닦는 일이 최선의 방법이 됩니다. 세균과 곰팡이 들이 서식하기 쉬운 곳은 살균과 소독을 자주하고 행주나 도마, 칼 등 끓는 물에 소독이 가능한 것은 항균 화학 제품을 사용하기보다 물을 끓여 소독해주는 것이 확실합니다.

또한 아이들이 풀밭이나 잔디밭도 맨발로 걷지 않게 해주는 것이 좋습니다. 잔디밭이나 풀밭의 경우 독성 살충제나 제초제가 살포되었을 가능성이 높아 아이들의 신상에 치명적인 영향을 미칩니다. 그러므로 친근한 잔디밭이라 해도 아이의 맨 살갗이 닿지 않도록 주의해야 합니다.

세 번째, 요새 가장 문제시되고 있는 집먼지 진드기입니다. 집먼지 진드기는 말 그대로 집먼지 속에서 사람의 피부 각질을 먹으며 살아가는 생물로 침대나 이불, 천 소파, 카펫 등에 서식하고 있습니다.

사실 집먼지 진드기는 그 자체보다 진드기의 배설물이나 사체 잔해가 우리 인체에 더 나쁜 영향을 미칩니다. 미세 먼지에 섞여 있는 집먼지 진드기의 사체와 배설물은 우리 옷이나 이불, 베개 등에 붙어 있다가 피부에 닿거나 호흡기를 통해 들어가면 아토피, 천식, 비염과 같은 알레르기를 일으킬 수 있습니다. 실제로 이와 같은 질환의 소아 환자에게 집먼지 진드기 반응 검사를 하면 대다수가 집먼지 진드기의 반응이 나올 만큼 아이 건강에 커다란 영향력을 가지고 있습니다. 집먼지 진드기가 무서운 이유는 빨래를 빨아도 없어지지 않고 일반 가정용 청소기로도 제거되지 않는다는 점입니다. 이렇게 끈질긴 집먼지 진드기를 없애기 위해

서는 집 안 구석에 있는 먼지를 제거하고 청결에 힘쓰며 전용 제거제를 사용하여 집먼지가 달라붙을 만한 천이나 패브릭 제품에 뿌려 살균·소독하는 것이 좋습니다. 그리고 빨래를 하면 반드시 햇볕에 말려 사용해야 합니다. 부피가 큰 소파와 침대 같은 경우에는 집먼지 진드기 제거 업체나 전용 청소 도구로 깨끗이 하는 것이 최선의 방법입니다.

마지막은 실내 공기와 온도, 습도입니다. 청결을 유지한다 해도 실내 환경이 적정하지 않으면 곰팡이나 세균, 집먼지 진드기는 더욱 왕성하게 자라나고, 공기 오염도 심해집니다. 따라서 아이는 두통이나 목의 통증, 기관지 질환 등에 노출되기 쉽습니다.

특히 겨울철처럼 난방과 더불어 창문을 꼭꼭 닫고 있는 경우가 많기 때문에 실내 공기 오염이 심하고, 온도와 습도가 맞지 않아서 아이들의 질병 발생률이 높습니다. 수시로 실내 공기를 정화하고 적정 온도와 습도를 유지하여 세균과 곰팡이, 집먼지 진드기의 서식을 막고, 쾌적한 실내 환경이 되도록 주의하는 것이 좋습니다.

건강한 집을 만드는 요령

(1) 하루 두 번 이상 환기로 깨끗한 실내 공기를 유지합니다
집은 환기를 자주 해주어 집 안에 쌓인 탁한 공기를 몰아내고 부족해지

기 쉬운 산소를 보충합니다. 대부분의 경우 실내 공기 오염도가 실외 오염도보다 높다는 것입니다. 환기는 이른 아침과 늦은 저녁 시간대를 피해서 오전 10시부터 오후 9시 이전에 집 안의 모든 창문을 활짝 열어 환기하고, 마주 보는 창을 열어 맞바람을 이용하는 것이 좋습니다. 적어도 하루 2회 이상 한 번에 30분 이상씩 창문을 열어두어야 효과가 있습니다. 특히 가스레인지 사용 후나 음식 후에는 반드시 창문을 열어 유해 인자들이 바깥으로 나갈 수 있도록 하는 것이 중요합니다.

(2) 적정한 실내 온도와 습도를 유지합니다

온도와 습도가 높으면 미생물과 오염 물질의 농도도 높아지므로 적정한 실내 온도와 습도를 유지하는 것이 중요합니다. 적정 실내 온도 18~22°C, 실내 습도 45~55%를 유지하여 쾌적한 환경을 만들어줍니다. 특히 겨울철에는 추위 때문에 높은 온도를 유지하는 경우가 많은데 오히려 아이의 적응력과 면역력을 낮춰 질병을 유발하게 됩니다. 따라서 적정 온도와 습도를 반드시 지켜주세요.

(3) 카펫이나 패브릭 제품 사용을 자제해주세요

정전기가 잘 생기고 세탁하기 어려운 패브릭 소재의 소품이나 가구는 되도록 사용하지 않는 것이 좋습니다. 패브릭 소재나 천, 카펫 등은 집 먼지 진드기, 세균과 바이러스의 주요 서식처가 됩니다. 우리의 몸과

235

가장 밀접하면서도 가장 위험 요소가 많은 곳이기도 합니다. 패브릭 제품과 카펫 사용을 금하고 대신 가죽 제품을 사용하도록 하며 커튼이나 이불, 침대 커버도 세탁이 간편한 기본형으로 사용하는 것이 좋습니다. 되도록 청소가 쉽고 삶아서 사용하기 편한 걸로 골라주세요.

(4) 천연 공기청정기, 공기정화 식물을 배치합니다

밀폐된 실내 공기는 오염되기 쉽습니다. 특히 답답하고 건조한 아파트 실내에는 이산화탄소를 흡수하고 산소를 배출하여 공기를 맑게 하는 식물을 많이 놓아두면 좋습니다. 식물은 오염된 실내 공기에 음이온을 공급하고 전자파와 오존을 흡수해 건강에 도움을 줍니다. 또한 초록색을 띤 식물은 스트레스를 해소해주고 마음을 편안하게 하는 간접 효과가 있습니다. 주로 벤자민, 산세베리아, 율마, 관음죽 등이 대표적이며 밤에 이산화탄소를 흡수하는 선인장과 함께 키우면 효과가 더욱 좋습니다.

(5) 일주일에 2회 정도는 대청소를 합니다

바쁜 현대인들은 주로 생활하는 공간에만 청소를 합니다. 가령, 안방이나 아이의 방, 거실 정도인데 곰팡이와 세균은 주로 청소의 손이 덜 가는 공간에서 많이 자라게 됩니다. 화장실이나 부엌, 옷장 속이나 서재, 베란다까지도 자리를 잡고 수시로 우리 몸을 침범합니다. 따라서 일주일에 2회 정도 집 안 대청소를 해주는 것이 좋습니다. 스팀 청소기로 구석구석 소독해주고 천연 항균 제품으로 화장실이나 부엌, 베란다를 청소해주며, 평소 닫혀 있는 옷장이나 책상 속을 열어 환기와 소독을 해주도록 합니다.

사실 집 안의 유해 물질을 모두 없앨 수는 없습니다. 하지만 이 같은 노력으로 집 안 환경을 개선해준다면 80% 이상은 유해 물질의 제거가 가능하며 아이를 안락하고 쾌적하게 지켜주는 장소가 됩니다. 따라서 지금 바로 집 안 환경을 살펴보고 문제가 되는 곳은 없는지, 실내 정화를 위해 필요한 것은 무엇인지 점검하여 적극적으로 개선해주는 것이 필요합니다.

8. 마음껏 뛰어노는 아이가 잔병에 강하다

예전에 아이들은 밖에서 하루 종일 뛰어놀다 해가 지면 엄마가 부르는 소리에 후다닥 집으로 돌아가곤 했습니다. 코와 볼이 빨갛게 상기되고, 콧물이 흘러 옷이 더러워져도 그때의 아이들은 잔병이라는 것을 모르고 살았습니다. 지금처럼 잘 먹지도 못하고, 환경이 좋은 것도 아니었는데 지금의 아이들에 비하면 그때 아이들은 천하장사나 다름없었습니다. 비

만인 아이들도 많지 않았고 정서적인 문제로 고민하는 아이들도 별로 없었습니다. 이처럼 지금의 아이들과 예전의 아이들이 건강에 차이를 보이는 것은 환경오염의 문제도 있겠지만 열심히 뛰어놀지 못하는 것도 그 요인으로 작용합니다.

아이가 마음껏 뛰어노는 것은 에너지를 발산하는 것입니다. 아이들은 뛰어노는 놀이를 통해 스트레스나 내심 쌓여 있는 불평과 불만 같은 유해한 감정들, 선천적으로 가지고 있는 욱하고 성질이 급한 기질적인 특성 등을 상당 부분 해소하게 됩니다. 흔히 어른들이 정서적인 억압을 다른 취미 활동으로 푸는 것처럼 아이들도 뛰어노는 활동을 통해 이를 대신하고 있는 것입니다. 내적인 에너지를 발산하는 아이들은 체내의 독소와 나쁜 공기를 밖으로 내보내고, 활발한 장기의 움직임을 통해 기혈 순환뿐 아니라 새롭고 신선한 에너지를 만들어냅니다. 새로운 에너지와 산소들은 심장을 통해 다시 여러 장기로 보내져 장기들의 활력을 촉진하고 강화하는 데 도움을 주며 충분한 기를 보충받게 됩니다. 자연히 면역력은 향상되고 폐활량도 늘어나 심폐 기능도 좋아지고, 몸도 건강해집니다.

게다가 뛰어노는 행동을 통해 성장판과 성장호르몬이 자극을 받아 분비가 활발해져서 성장에도 큰 도움을 줍니다. 또 발산 에너지를 충분히 쏟아냈기 때문에 스트레스나 심리적인 문제도 떨쳐버릴 수 있어서 정서적인 안정과 평온함을 찾을 수 있습니다. 아이들이 마음껏 뛰어노는 일은 단순한 놀이가 아니라 건강을 위한 매우 중요한 운동인 셈입니다.

아이들이 마음껏 뛰어놀지 못하는 이유

대개 아이들이 제대로 뛰어놀지 못하는 것은 '부모의 과잉 보호'가 원인입니다. 현대에 이르러 점점 '한 가정 한 자녀'로 핵가족화되고, 맞벌이 가정이 보편화되면서 부모에게 자녀는 예전과는 다른 의미로 애착도 상당히 높아졌습니다. 요즘처럼 아동을 목표로 한 범죄가 늘어남에 따라 자녀 보호에 대한 부모의 강박을 더욱 부채질하고 있습니다. 그래서 품 안의 자식처럼 아이를 과잉 보호하여 마음껏 뛰어놀지 못하게 하고, 친구들과 어울려 함께 시간을 보낼 수 있는 기회도 점점 줄어들고 있습니다. 한창 뛰어놀아야 할 학령기 아이들까지 부모의 동행이 아니라면 밖으로 나가는 것을 허용하지 않으려 합니다. 흔히 "밖은 위험하니까 나가 놀지 마라." "그냥 추운데 집에서 놀아라."와 같이 혹시 모를 위험 요소와 질병을 염려해 아이를 실내에 꽁꽁 묶어두는 것이지요.

하지만 아이가 제때 나가서 뛰어놀지 못하면 오히려 면역력이 낮아져 허약한 아이가 되기 쉽고, 사회성 발달이 늦어져 문제 해결 능력이나 대처 능력이 다른 아이들에 비해 현저히 떨어지게 됩니다. 때문에 결국 부모의 과잉 보호는 부모의 생각과는 달리 아이를 더욱 약골로 만드는 잘못된 육아 방식인 셈입니다. 아이가 제대로 뛰어놀지 못하는 요인은 '부모의 과잉 열정'도 있습니다. 즉, 조기 교육으로 아이들의 여유 시간을 빼앗아 놀 수 있는 시간이 점점 줄어들기 때문입니다. 학령기 아이들은 학교 수업이 끝나면 기본적으로 한두 군데의 학원을 다니고, 집에 돌아

239

와서 TV를 보거나 컴퓨터 게임 등을 하고 난 후에 학습지와 숙제를 하면 금방 잘 시간이 돼 수면 부족이 되기 십상입니다. 뛰어놀 시간이 사라질 뿐 아니라 뛰어놀 시간이 있어도 이미 학습으로 에너지가 소진된 상태이기 때문에 쉽게 지치게 마련입니다. 결국 어린아이들은 제대로 뛰어놀지도 못하고 청소년기로 접어들게 됩니다.

간혹 아이들이 뛰어노는 일에 부정적인 견해를 가진 부모들도 있습니다. 또래에 비해 아이가 교육적인 면에서 부진하다고 생각되면 부모는 이를 용납하지 못하고 동등해지거나 도리어 우월할 때까지 교육에 매진하는 경우가 있습니다. 고작 초등학생 아이인데도 불구하고 부모의 과잉 경쟁 때문에 아이들은 제 나이 때 신체 성장에 필요한 놀이의 기능을 **빼**앗기게 되는 것입니다. 노는 일도 하나의 교육입니다. 아이가 마음껏 뛰어노는 것은 두뇌 발달에도 매우 도움이 됩니다. 아이가 활발히 뛰어놀게 되면 뇌는 신선한 산소를 공급받게 되고 혈액순환이 좋아지며, 놀이를 통해서 동작, 감각, 사고의 자극을 받아 두뇌 회전이 빨라지고 새로운 학습을 하게 됩니다. 게다가 스트레스를 풀어줘 맑은 정신을 유지할 수 있습니다. 이런 놀이 효과는 아이 학습에도 이어져 능동적이고 창조적인 아이가 되기 때문에 활발히 뛰어놀수록 똑똑해질 확률이 높아집니다.

근래 들어 놀이 문화가 급격히 변해가면서 아이들 역시 뛰어노는 일에 흥미를 잃기도 합니다. 밖에서 활동하기보다 주로 집에서 활동하는 시간이 많아지면서 TV 시청이나 컴퓨터, 게임에 많은 시간을 보냅니다.

'놀이 문화의 변화'는 심지어 아이들의 대인관계에도 영향을 주는 매체로 자리 잡았습니다.

예컨대 온라인을 통해서 관계를 만들어가고, 오프라인에서도 컴퓨터 용어를 모르면 소통이 어렵기 때문에 컴퓨터의 영향력은 날로 커질 수밖에 없습니다. 따라서 상황이 이렇다보니 아이들은 점차 컴퓨터나 TV, 비디오와 같은 자극적이고 앉아서 하는 놀이 문화에 빠져 시간을 보내고 있습니다. 아이들이 이런 매체를 즐기게 된 것도 부모의 역할에 근본적인 문제가 있기 때문입니다. 과잉 보호나 과도한 학습으로 집 안에서 마땅한 놀이 문화를 찾지 못한 아이들은 자연스럽게 미디어 매체를 접하게 되는 것이고, 아이와 함께 놀아주지 못하는 부모도 의례 TV를 보게 하거나 컴퓨터를 하게 만드는 원인이 되기도 합니다.

도시에 사는 아이들의 경우, 충분히 뛰어놀 수 있는 충분한 공간이 없다는 것도 문제입니다. 밖으로 나가면 온통 콘크리트 바닥이며 조금만 길을 나서도 차들이 다니고, 공놀이라도 한 번 하려면 애써 공원을 찾아 나가야 합니다. 이러한 고질적인 문제 때문에 아이들은 마음껏 뛰어 놀지도 못하고 점점 허약아가 되며 의지가 약해져갑니다.

아이를 마음껏 뛰어놀게 하는 방법
아이를 마음껏 뛰어놀게 하기 위해서는 전적으로 부모의 도움이 필요

합니다. 영유아기의 아이들의 경우 날이 선선해지거나 찬바람이 불면 감기라도 들지 않을까 하는 걱정 때문에 실내에서만 생활하는 엄마들도 많습니다. 더러는 귀찮아서 밖으로 나가려 하지 않는 부모도 있습니다. 먼저 부모가 마음을 바꿔 아이를 위해서라도 하루에 한 번은 외출해주는 것이 좋습니다.

　아이에게 간단한 걷기나 마음껏 움직이게 할 수 있는 공간을 확보해 햇볕을 쬐고 신선한 공기를 마음껏 들이킬 수 있도록 시간적인 여유를 주세요. 특히 감기에 잘 걸리거나 허약한 아이들은 적당한 외출이 피부와 호흡기를 튼튼하게 하고 면역력을 높이기 때문에 필수적이라 할 수

있습니다. 다만, 아이가 한꺼번에 무리하게 놀면 오히려 균형이 깨질 수 있으니 규칙적인 시간에 아이의 체력에 맞게 적당히 놀도록 지도해주는 것이 중요합니다.

비교적 큰 아이들은 일광욕과 삼림욕이 큰 도움이 되니 부모가 챙겨주는 것이 좋습니다. 그리고 현재 미디어에 빠진 아이라면 부모가 아이와 함께 계획표를 세워 노는 시간을 정해두고, 최대한 아이를 밖으로 유도하어 먼저 아이가 재미있어 할 놀이를 선택해 놀아주도록 합니다. 혹시 아이가 지루해하면 놀이를 짧게 했다가 서서히 늘려가며 아이의 체력에 맞는 시간을 확보하는 것이 좋습니다. 그리고 아이가 원치 않는 학원이나 학습지를 줄여 밖에서 뛰어놀 수 있는 기회를 마련해주세요. 이렇게 아이의 바깥놀이가 시작되면 흙을 많이 만지거나 밟게 하는 것이 중요합니다.

면역이란 외부에서 침입한 바이러스나 세균 등의 미생물에 대항할 항체를 만드는 것입니다. 따라서 이런 미생물에 너무 접촉하지 않으면 면역 기능이 활성화되지 않습니다. 평소 흙을 많이 밟게 해 큰 해가 없는 미생물에 자주 노출되면 질병을 이기는 면역력을 높이는 데 효과적입니다. 가능하면 산이나 들과 같은 자연 속에서 아이가 마음껏 뛰어놀 수 있도록 환경을 조성해서 정서 발달과 재미와 건강을 동시에 챙기도록 합니다. 바깥에서 신나게 놀고 난 후에는 반드시 위생에 신경 쓰는 것도 잊지 않게 해주세요. 더러운 먼지가 묻은 옷은 세심하게 털어주고 간단하

243

게 얼굴과 손을 씻을 수 있도록 유도해 피부뿐 아니라 실내 공기가 오염되지 않도록 청결을 유지해야 합니다.

9. 계절에 맞는 생체 리듬이 면역력을 높인다

인간을 포함한 모든 동물은 자연의 주기에 맞춰 자신의 몸을 적절하게 유지시키기 위해 생리적, 행동적으로 활동을 하는데 이를 생체 리듬이라고 합니다. 쉽게 말해 생체 리듬은 어떤 조건이 우리 몸에 주어지면 몸이 이에 반응하는 것입니다. 예를 들어 낮에는 활동하고 밤에는 졸리는 것과 같다고 할 수 있습니다. 이처럼 인체가 생체 리듬대로 활동하게 되는 이유는 자연에 적응하기 위해서입니다. 한의학에서 우리 몸의 건강관리는 자연환경과의 조화에 그 기본 원칙을 두고 있습니다. 섭생(攝生)과 양생(養生)법으로 우리 몸도 자연 변화에 따라 조화를 이루고 살아야 질병이 발생하지 않습니다. 따라서 인체의 생체 리듬에 따라 건강을 다스린다는 의미로 질병이 생기기 전에 미리 치료하는 '미병이치지(未病而治之)' 사상이 그 중심을 이루고 있습니다.

생체 리듬을 인위적으로 파괴할 수 있는 것은 인간이 유일합니다. 인간은 자기가 원하는 시간에 잘 수 있고, 과학의 도움으로 주변 환경을 바꿀 수도 있습니다. 자야 할 시간에 깨어 책을 읽는다거나 더운 여름날을 선선하게 보낸다거나 하는 것들이죠. 하지만 강제적으로 생체 리듬을 파괴하면 환경 변화에 따라 바뀌는 몸의 기능들이 조화와 균형을 잃어 면역력이 약해지고 정신적으로도 나약해지게 됩니다. 자연의 섭리를 거슬러 '화'를 입는 경우와 같은 셈입니다. 따라서 생체 리듬의 파괴는 곧 건강의 파괴와 같은 것입니다.

다행히 생체 리듬만 잘 지켜도 우리 몸은 질병 없이 언제나 건강할 수 있습니다. 『황제내경』에서는 "사철의 음양 변화는 만물의 근본이다. 그렇기 때문에 봄과 여름에 양기(陽氣)를 보양하고, 가을과 겨울에는 음기(陰氣)를 보양하여 그 근본에 순응하면서 만물과 같이 생겨나고 자라나는 속에서 지냈다. 만일 근본에 어긋나면 생명의 근원을 상해서 진기를 어지럽게 한다. 때문에 사철 음양의 변화는 만물의 시초인 동시에 종말이며, 죽고 사는 근본이다. 이것을 거역할 때는 해를 입으며 이에 순종하면 병이 생기지 않는다."고 쓰여 있습니다.

인류 역사를 거슬러 올라가면 나의 선조들이 수없이 많습니다. 나부터 부모, 조부모, 외조부모 기하급수적으로 늘어나며 그 위로 쭉 올라가면 인류 역사에까지 이를 것입니다. 많은 조상들의 직업은 아마도 거의 99%가 농부였을 것입니다. 농부는 낮에 논밭에서 일하고, 밤에는 잠을 잤을 것입니다. 내 안에는 부모들의 유전자가 가장 짙겠지만 그 윗분들의 유전자도 다소 흐리나마 내 몸에 있어 그대로 하기를 원할 것입니다. 성인의 경우 야간 근무, 주야간 교대 근무, 수시로 밤늦게까지 자지 않고

일을 하는 것은 순리에 역행하는 것입니다. "일찍 자고 일찍 일어나는 것은 건강에 좋다"는 말은 동서고금을 통해 진리처럼 알려져 있습니다. 몸에 질환이 있거나 허약자는 가급적이면 이런 원칙을 철저하게 지키는 것이 질병 예방이나 빠른 회복에 도움이 될 것입니다. 아이는 늦어도 오후 9시 이전에 재우는 것이 좋습니다. 자연의 순리에 맞는 생체 리듬을 유지하는 것은 매우 중요합니다.

사계절에 맞는 섭생

우리 주변에는 흔히 생체 리듬의 파괴로 건강에 영향을 받는 사람들이 많습니다. 대표적으로 '추위나 더위를 잘 타는 사람', '만성 피로가 있는 사람', '불면증에 시달리는 사람', '우울증을 앓는 사람' 등이 그렇습니다. 겉으로 보기에는 큰 탈이 없는 것 같지만 자신의 몸을 질병에 걸리기 쉬운 환경으로 만드는 것과 같습니다. 즉, 큰 병을 만드는 초기 과정이라고 할 수 있는 것이지요. 생체 리듬은 과학적인 해석이 불가능하지만 비유를 들자면 하나의 프로그램 같은 것입니다. 프로그램에 바이러스가 침투하면 모든 기능이 흐트러지고 망가지는 것처럼 생체 리듬을 지켜주지 않으면 질병으로 몸이 흐트러지게 되는 것입니다.

사계절에 따른 건강한 생체 리듬 유지법

(1) 봄

봄은 만물이 소생하는 시기입니다. 인체도 겨울 동안 낮아졌던 신진대사가 활발해지고 에너지 소비량이 증가하게 되면서 겨울과 봄의 생체 리듬은 급격한 변화를 보이게 됩니다. 때문에 제대로 적응하지 못하고 계절성 피로감이 생기기노 합니다. 이를 예방하기 위해서는 적낭한 운동과 충분한 휴식을 취하고 쑥, 달래, 냉이, 씀바귀, 고들빼기 등 봄나물로 비타민과 미네랄을 충분히 섭취해야 합니다. 기가 부족하고 습이 많은 때이므로 기를 도와주기 위한 음식을 먹이는데 특히 인삼차나 황기차, 닭고기 등으로 몸을 보해줍니다. 주로 아침을 든든히 챙겨먹고 저녁에는 가볍게 먹는 것도 건강한 생체 리듬을 유지하는 데 도움을 줍니다.

봄은 겨우내 추웠던 공기가 풀리는 시기이므로 사람도 따뜻한 기운을 받아들여 아이도 느슨하고 가벼운 옷으로 입혀야 합니다. 꽃샘추위 걱정으로 아이에게 너무 두꺼운 옷을 입히기보다 가벼운 옷을 입히되 쌀쌀할 경우를 대비해 얇은 재킷이나 카디건을 휴대하는 것이 좋습니다.

(2) 여름

사계절 중 여름철 건강관리가 제일 어렵습니다. 여름은 외부 기온이

247

높아져 자연히 피부 온도가 올라가 피부로 혈액이 몰려 질량불변의 법칙에 의해 상대적으로 오장육부에 흐르는 혈액량이 적어져 혈액순환이 원활하지 않아 뱃속은 냉해지게 되는 계절입니다. 냉한 뱃속에 냉한 음식이 유입되면 생체 리듬이 깨져 배탈이 나기 쉽고, 몸이 상하기 쉬우므로 찬 음식보다는 따뜻한 음식과 한약으로 뱃속을 따뜻하게 해주는 것이 여름철 건강관리에 도움이 됩니다. 여름철에 뱃속을 따뜻하게 하면 모든 병마가 침범하지 못하고 혈기가 왕성해진다고 했습니다. 냉한 음식을 절제하고 이열치열로 따뜻한 음식을 먹어 속을 보해주는 것이 좋습니다.

여름철엔 뱃속이 냉해져 소화력이 떨어지므로 소화가 잘 되는 음식을 주로 먹여야 합니다. 한의학에서도 여름철에는 소화력이 떨어진다고 하여 특별한 경우를 제외하고는 숙지황을 가급적 쓰지 않는 편입니다. 아이가 더위를 많이 탄다고 해서 에어컨으로 과하게 실내 온도를 낮추는 것은 좋지 않습니다. 아이의 생체 리듬을 깨트릴 수 있습니다. 적정 실내 온도를 유지해도 외부 온도와 5℃ 이상 차이나지 않게 하며 시원해지는 강도를 약하게 해 아이가 더위를 참고 이겨낼 수 있도록 도와주는 것이 생체 리듬을 유지하는 방법입니다.

(3) 가을

가을은 날씨가 선선하고 식욕이 왕성해지는 계절입니다. 때문에 비위

기능도 좋아지고 소화력도 왕성해져서 과식하기 쉽습니다. 아이가 과식하지 않도록 식습관을 지켜주고 영양이 필요한 시기이므로 편식하지 않고 골고루 섭취하도록 해주세요. 혹 아이가 여름철에 냉한 음식을 많이 즐겼다면 더운 음식과 담백한 음식을 섭취해 비위 기능을 균형에 맞게 제대로 돌려놓는 치료를 해야 합니다. 주로 더운 음식과 담백한 음식을 섭취하고 과일을 많이 먹여 위액 분비를 촉진시킵니다. 위장이 낳이 약해신 경우라넌 성실이 냉한 사과는 먹이지 않는 것이 좋습니다.

가을은 또 갑자기 온도가 떨어지는 환절기입니다. 환절기에는 급격한 기온 변화로 일교차가 커지면서 신체가 여름에서 겨울로 갑자기 바뀌는 과정에서 자율신경계의 적응력이 떨어지면서 면역력이 저하되기 때문에 2009년 전 세계에 유행하고 있는 바이러스가 변이를 일으켜 기존에 없던 새로운 바이러스인 신종 플루(신종인플루엔자: A(H1N1))나 일반 감기 같은 바이러스 증식이 그만큼 쉬워지는 환경이 조성되므로 특히 보온에 신경 써야 합니다. 그 외에 기관지천식 등의 질환이 많이 생기는 시기이기도 합니다. 이럴 때는 아이들에게 타미플루(독감치료제) 주성분인 시킴산이 많이 들어 있는 팔각회향차, 인동덩굴차(인동), 약모밀차(어성초) 쪽풀뿌리차(판람근) 맥문동차, 오미자차, 모과차, 도라지차를 달여 먹어 기관지를 보호하고 강화함으로써 감기나 독감을 예방하는 데 도움을 줄 수 있습니다. 또한 외출 시에는 사람이 많은 장소를

249

피하며 마스크를 착용하도록 합니다. 그리고 집에 돌아와서는 손을 깨끗하게 씻는 것이 아주 중요합니다.

(4) 겨울

『황제내경』에서는 특히 겨울 석 달은 '폐장(閉藏)'이라고 해서 '물과 땅이 얼어 갈라지는 때라 그 기운에 맞게 하려면 양기(陽氣)가 요동하지 못하게 해야 한다.'고 했습니다. 겨울은 활동을 멈추고 양기를 저장해두어야 제대로 생체 리듬을 유지할 수 있습니다. 『양생서』에는 '겨울에 일찍 자고 늦게 일어나는 것'이 유익하다고 했습니다. 일찍 자서 추위를 피하고 해가 뜬 다음에 일어나서 따뜻한 기운을 받아야 하며, 자고 일어나기 전에 아이의 온몸을 마사지하여 혈액순환을 원활히 한 후 일어나는 것이 매우 좋습니다. 그렇다고 양기를 보호하기 위해 집 안에만 움츠리고 있는 것은 금물입니다. 아이에게 간단한 운동과 맑은 공기를 쏘이게 하면 감기 예방에 도움을 줍니다. 그리고 일주일에 한두 번 정도는 따뜻한 물로 목욕하여 피로 회복과 스트레스 해소를 꾀하고, 원활한 혈액순환을 도와 추위로 움츠려진 장기 기능이 향상되도록 해야 합니다.

겨울철에 주의해야 할 것은 아이가 추위할까봐 실내 온도를 높이거나 두꺼운 옷을 입혀 통풍을 막고 체온을 높이는 일입니다. 겨울은 춥기도 하지만 건조한 시기입니다. 실내 온도를 높이면 그만큼 건조해지기 쉽고, 아이가 온도 차를 심하게 느껴 오히려 감기에 걸리기 쉽습니다. 두꺼운 옷과 이불 역시 몸의 온도를 높이고 그로 인해 흘린 땀이 피부의 통풍을 막아 피부 질환을 유발하기도 합니다. 따라서 겨울철에는 아이들 옷을 너무 두껍지 않게 입히고, 모자와 목도리로 찬 기운이 스미는 것을 막아주는 정도가 좋습니다. 무엇보다 겨울은 주전부리가 늘어나는 때이므로 단 음식을 삼가고 규칙적인 식습관을 철저히 지키도록 해줍니다.

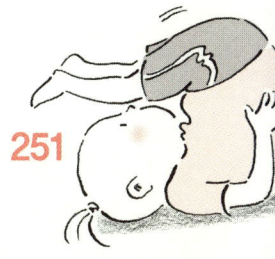

3.
착한 음식은
건강을 연주하는
지휘자

히포크라테스는 "음식으로 고칠 수 없는 병은 약으로도 고칠 수 없다."고 했으며 고대 아유르베다 속담에도 "식사법이 잘못됐다면 약이 소용없고, 식사법이 옳다면 약이 필요 없다."고 했습니다. 이는 올바른 식사법이 최고의 명약이며 건강을 지키는 방법임을 알려주는 것이라 할 수 있습니다. 또 중국 금원시대의 한의학 4대가 중 한 사람인 주단계(朱丹溪)는 『음식잠(飮食箴)』에서 '사람의 몸은 부모에게서 물려받은 귀한 몸인데 음식 때문에 몸을 상하는 사람이 많다. 대부분의 사람은 배가 고프고 목이 마를 때 음식을 먹음으로써 살아가지만 우둔한 사람은 입에서 당기는 대로 음식을 지나치게 먹는 데서 병이 계속 생기게 된다.'고 적고, 『주역』의 상사신편(象辭新編)에는 "입을 조심하여 음식을 함부로 먹지 말라"고 쓰여 있다. 예부터 음식은 건강과 연결해 그 중요성에 큰 의미를 두고 있습니다.

음식은 몸을 구성하고 움직이게 하는 원동력입니다. 차를 탈 때도 좋은 기름을 넣느냐 아니면 나쁜 기름을 넣느냐에 따라 차의 성능과 수명이 결정되는 것처럼 음식도 사람의 건강과 수명에 직접적으로 영향을 주고 있습니다. 좋은 음식은 건강을 만들지만 나쁜 음식을 먹으면 신진대사가 정상적으로 이뤄지지 않아 몸에 나쁜 영향을 미칩니다. 따라서 건강을 해칠 뿐 아니라 마음도 해치게 되는 것입니다. 올바른 식사법에 있어서 중요한 것은 '어떤 음식을 먹느냐' 하는 선택의 문제라 할 수 있습니다.

예컨대 성장기 아이들의 몸이 음악이라고 하면 음식은 지휘자와 같습니다. 훌륭한 음악은 연주자들의 실력도 중요하지만 전체적으로 총괄하는 지휘자가 균형에 맞춰 조화를 이뤄야 아름다운 선율을 선사할 수 있습니다. 어느 하나의 악기라도 강하거나 약하면 음악은 더 이상 음악이 아니라 소음으로 전락하기 때문입니다. 우리 몸도 이와 마찬가지로 하나의 장기가 강하거나 약하면 건강이 무너지게 됩니다. 그래서 좋은 음식이 몸 전체를 골고루 지휘하며 영양분을 배분해줘야 하는 것입니다. 이제 막 몸을 구성하기 시작하는 성장기 아이들에게 건강한 먹을거리에 대한 선택은 필수일 수밖에 없습니다.

요즘처럼 음식을 마음 놓고 먹이기 어려운 때도 없을 것입니다. 비위생적인 급식과 군것질, 화학조미료나 멜라민 파문 등 심심치않게 터지는 먹을거리에 대한 불안은 곧 아이의 건강 불안으로 이어지게 됐습니다. 일부에서는 시중의 먹을거리에 대한 공포가 정점이 아닌, 이제 시작에 불과하다는 조심스러운 의견도 있어서 어디서, 어떤 음식을, 어떻게 아이에게 먹여야 할 것인지 아이의 건강을 어떻게 지켜야 할 것인지 여간 고민스럽지 않습니다. 무엇보다 부모가 현명하게 아이에게 맞는 건강한 음식이 무엇인지에 대해 정보를 많이 얻고, 이를 실천하여 개선해 줄 필요가 있습니다. 그렇다면 아이에게 어떤 음식을 먹어야 좋으며, 어떻게 입맛을 길들여야 하는지에 대해 자세히 알아보도록 하겠습니다.

10. 첫 입맛이 끝 입맛이다

오리는 처음 태어나서 보는 것을 자신의 엄마라고 착각한다고 합니다. 아기오리는 뒤뚱거리며 줄곧 그것만 쫓아다닙니다. 아이들의 입맛도 아기오리와 마찬가지입니다. 자신에게 처음 길들여진 음식이 최고이며 그것만 찾게 됩니다. 태어나 처음으로 분유를 먹은 아기는 본능적으로 이 음식이 '자신의 것'이며, '정기에 필요한 것'이라고 인식하게 됩니다. 그 이후에 다른 것을 주면 쉽게 바꾸려 들지 않고 토하기 일쑤입니다. 아

254

기의 이런 행동은 아이의 몸이 첫 분유에 적응되어서가 아니라 분유를 바꾸는 것을 허용하지 않기 때문입니다. 갓난아기들에게는 첫 분유가 자신의 생명 원동력이라 여기고 세상의 첫 입맛이 되는 것입니다. 분유가 아기들의 첫 입맛이라면 처음으로 맛보게 되는 음식은 이유식이라고 할 수 있습니다. 이유식은 분유에서 느낄 수 없는 다양한 맛으로 아이의 오감을 자극하게 됩니다. 산(酸, 신맛), 고(苦, 쓴맛), 감(甘, 단맛), 신(辛, 매운맛), 힘(鹹, 짠맛)을 오미(五味)리 히며 오미는 또 각각 오장(五臟)에 들어가 장기를 보양(保養)하게 됩니다.

신맛은 간(肝)을, 쓴맛은 심(心)을, 단맛은 비(脾), 매운맛은 폐(肺), 짠맛은 신(腎)에 들어가 각 장기의 쇠약을 보양합니다. 따라서 아이가 음식을 먹고 음미한다는 것은 오장을 자극하여 활성화시킨다는 것과 같은 의미입니다. 비록 어른의 음식처럼 완벽한 맛은 아니지만 이유식을 통해 아이들은 음식이 무엇인지를 깨닫게 되는 것입니다.

이유식 시기를 지난 아이의 첫 식단은 좀 더 완성된 형태라고 할 수 있습니다. 비로소 성인과 비슷한 음식을 먹게 되는 시기이며 본격적으로 아이의 첫 입맛을 길들이게 되는 중요한 순간입니다. 이때 길들여진 입맛은 훗날 성인이 돼서도 바뀌지 않고 자주 찾게 되는 입맛이 됩니다. '어머니의 손맛'이라는 말은 시간이 지나도 자신에게 최고의 음식은 언제나 엄마의 손맛과 같은 음식들이라는 것입니다. 엄마의 손맛이 특별하고 대단한 것은 아닙니다. 자신에게 길들여진 첫 음식의 맛이 엄마의 손맛이며

그 맛은 나이가 들어서도 결코 잊을 수 없는 최고의 음식이 되는 것입니다. 흔히 '첫 입맛이 끝 입맛'이라는 말도 여기에서 시작된 것입니다.

아이의 첫 입맛을 어떻게 길들일 것인가는 순전히 엄마의 몫입니다. 엄마가 자신을 위해 준비하는 음식의 중요성을 깨달으면 아이에게 엄마의 손맛을 가공식품이나 화학조미료의 맛, 영양가 없는 음식으로 기억하게 해서는 안 될 것입니다. "네가 먹는 음식이 바로 너다"라는 말이 있듯이 좋은 음식을 먹는다는 것은 그만큼 튼튼한 몸을 갖는 것입니다.

첫 입맛이 중요한 이유

사실 첫 입맛은 '길들인다는 것'에 포인트가 있는 것이 아니라 '어떤 음식으로 길들일 것인가'가 중요합니다. 아이가 좋은 음식에 길들여지면 더할 나위 없이 좋지만 나쁜 음식에 길들여지면 큰 낭패를 보기 때문입니다. 간혹 부모들의 육아 스타일을 보면 '아이가 무조건 잘 먹으면 건강에 좋다.'는 인식을 가지고 있는 부모들이 있습니다. 아이가 먹는 음식의 질보다 양에만 관심을 쏟아 먹지 않으면 쫓아다니며 먹이는 진풍경이 벌어지기도 합니다. '건강'이라는 것은 '많이 먹는 것'과는 생각보다 크게 영향을 받지 않습니다. 아이가 잘 먹어서 외적으로 건강하게 보이는 모습이 실제로는 야무지고 튼튼한 아이라고 할 수는 없습니다. 아이가 잘 먹는 것도 좋지만 더 중요한 것은 무엇을 어떻게 잘 먹느냐에 따라 건강이 많이 달라진다는 것입니다.

바쁜 부모 밑에서 자라는 아이들이나 아이의 첫 입맛의 중요성을 모르는 부모들은 아이가 맛있어 하는 것과 많이 먹는 것 위주로 식단을 꾸밉니다. 그것이 어떤 음식인가에 대해서는 크게 염두에 두지 않고 아이의 입맛에만 초점을 두는 것입니다. 이렇게 되면 정작 아이에게 필요한 영양소와 건강한 음식을 제대로 챙겨주지 못하는 과오를 범할 수 있습니다. 잘못 적응된 음식은 지속적으로 이어져 아이의 건강을 해질 수 있습니다. 최근에 아이들이 많이 먹는 음식을 보면 패스트푸드나 가공식품 등의 정크푸드가 많은 부분을 차지하고 있고 육류 위주의 식사를 하는 것으로 나타났습니다. 이미 아이들의 입맛이 인공식품과 균형이 잡히지 않은 식단으로 길들여지고 있다는 뜻입니다. 인스턴트식품이나 가공식품들이 몸에 좋지 않다는 것은 모든 부모가 알고 있습니다. 그런데도 여전히 이런 음식들이 아이들의 주식이 될 정도로 많이 먹여진다니 유감스러운 일이 아닐 수 없습니다.

영유아기의 아이들은 아직 장기 조직들이나 면역계가 성숙되지 않았기 때문에 내부에 흡수된 오염 물질을 배출하는 능력이 떨어집니다. 때문에 정크푸드 속에 첨가된 화학 물질들이나 고지방은 아이들의 몸에 고스란히 쌓이게 되는 것입니다. 이러한 물질들은 아이가 성장하면서 몸 밖으로 배출되는 것이 아니라 오히려 지속적으로 쌓여서 현재는 별 탈이 없더라도 나중에는 결국 질병을 일으키는 요인이 되기도 합니다.

『동의보감』에서는 기름진 음식을 많이 먹으면 오장(五臟)에 열을 만들어 상하게 한다고 했습니다. 심장이나 소화기 계통에 질병을 초래하고 비만을 야기하여 전체적인 음양오행의 부조화를 야기합니다. 따라서 이와 같은 질병을 미리 예방하려면 첫 단추를 끼는 것인 만큼 첫 입맛을 건강하게 길들이는 것이 매우 중요합니다.

우리 아이 첫 입맛 길들이는 방법

(1) 이유식

이유식은 젖을 떼기 위한 과정에서 먹는 아기의 첫 음식입니다. 아기가 성장함에 따라 부족한 영양소와 열량을 보충해야 하는 시기가 오는데, 이때 액체 상태의 모유나 분유에서 고형식으로 바뀌어가는 반고형식을 이유식이라고 합니다. 이유식의 목적은 단지 영양적인 면을 보충하기 위해서가 아니라 평생 동안 먹는 음식을 길들이는 단계의 첫 과정이라는 것도 있습니다. 이유식을 제대로 먹여야 아이의 첫 입맛을 올바르게 길들일 수 있습니다. 아이가 처음 맛보는 이유식은 모유처럼 부모가 직접 만들어주는 것이 좋습니다. 시중에 파는 이유식은 아무리 자연식품이라 해도 시판 과정에서 가공 처리를 하기 때문에 부모가 직접해주는 이유식보다 덜 안전합니다.

바람직한 이유식은 어른의 입맛에 기준을 두지 않고, 맛과 향이 자극적인 식품으로 이유식을 만드는 것은 피해야 합니다. 영양을 높인다고 해서 여덟 가지 이상의 많은 재료를 섞어서 만들지 않아야 하며, 간은 되도록 하지 말고 천연식품 고유의 맛을 느낄 수 있도록 해야 합니다. 재료를 많이 사용하게 된다면 혹시 아이가 이유식을 먹고 알레르기 증상을 일으켜도 어떤 재료가 원인인지 알 수 없기 때문입니다. 그 밖에 칼슘 보충을 위해 멸치 국물이나 사골 국물로 이유식을 만드는 엄마들도 많은데 그리 바람직하지는 않습니다. 멸치 국물이나 사골 국물은 그 자체로도 짠맛이 강하기 때문에 자칫 아기의 첫 입맛을 짜게 길들일 염려가 있습니다. 멸치 국물이나 사골 국물은 아이의 초기 이유식으로는 맞지 않고 8개월 이후부터 시작하는 것이 좋습니다.

그리고 이유식은 음료가 아닌 곡류부터 시작합니다. 흔히 엄마들이 오렌지 주스 등의 과즙으로 이유식을 먼저 시작하는데 단맛이 강한 과일 주스는 나중에 야채나 곡류를 싫어하게 될 가능성이 높습니다. 따라서 곡류, 야채, 과일, 육류 순으로 이유식을 먹이도록 하세요.

(2) 고형식의 음식

이유식을 지나 아이가 성인과 비슷한 고형식 음식을 먹기 시작하면 무엇보다 자연식이 좋습니다. 여기서 부모가 주의해야 할 점은 아무리 바쁘더라도 아이의 음식을 가공식품이나 시중에서 파는 군것질로 때

259

우게 해서는 안 된다는 것입니다. 학령기 아이에게는 정크푸드를 간식으로 가볍게 먹을 수는 있어도 많은 양을 섭취해 아이의 입맛으로 길들여진다면 비만이나 기타 질병으로 고생할 가능성이 있습니다. 따라서 되도록 천연 재료로 영양에 맞춰 음식을 준비하는 것이 좋습니다. 음식 재료가 유기농이면 더할 나위 없겠지요. 혹 아이가 천연재료의 음식을 먹기 꺼려한다면 다음과 같은 방법으로 음식에 대한 편견과 거부감을 없애주는 것이 좋습니다.

먼저 고형식에 익숙하지 않은 아이는 천연재료를 손에 쥐어줘 자주 놀게 하고, 예쁘게 다듬어 먹음직스럽게 보이는 것이 좋습니다. 또한 아이가 먹기 편하게 한 입 크기에 맞춰 아이가 여러 명일 때는 각각 따로 준비하는 것이 좋습니다. 음식을 먹일 때도 놀이를 통해 먹게 하면 아

이가 갖고 있는 음식에 대한 부정적인 생각을 바꿀 수 있습니다. 식사 시간은 규칙적으로 부모와 함께 식사하여 부모가 먹는 음식에 호기심을 갖도록 하는 것도 중요합니다. 아이 혼자 밥을 먹을 때도 제대로 된 식사 차림으로 음식에 대한 확실한 인식을 갖게 해주세요.

아이가 현재 식품첨가물에 길들여져 입맛이 까다롭다면 칭찬을 통해 개선하는 것이 좋습니다. 평소 잘 먹지 않은 김치나 나물을 먹을 때마다 칭찬과 격려를 아끼지 말고, 간단한 음식은 함께 만드는 과정을 통해 음식의 재미와 맛을 새롭게 느끼는 시간을 주는 것도 도움이 됩니다. 엄마와 함께 음식을 만든 아이는 자신이 만들었다는 자부심에 더욱 열심히 음식을 먹게 됩니다. 아이의 입맛을 개선할 때 주의해야 할 점은 군것질과 외식은 피하고, 부부가 서로 협력하고 노력해서 아이의 건강을 위해 입맛을 개선해가는 것입니다.

11. 편식 없는 아이로 키워라

아이가 있는 집이라면 한 번쯤 겪고 넘어가는 전쟁 중 하나가 편식입니다. 편식은 아이가 한 가지 음식에 집착하거나 반대로 거부하는 현상을 말합니다. 이른바 음식을 골라먹는 행동으로 좋고 싫은 게 분명해서 특정 음식만 고집한다거나 싫은 음식은 절대 입에 대지 않고, 반찬 없이

밥만 먹거나 또는 밥은 먹지 않고 군것질만 하는 아이 등 다양한 형태로 아이들이 편식하는 것입니다.

편식은 주로 첫 입맛 길들이기에 실패한 아이들에게서 많이 나타납니다. 주로 3~4세경의 아이에게서 가장 심하게 나타나는데 이유식을 떼고 처음 고형식 음식을 접할 때 적응이 쉽지 않아 찾아옵니다. 이 시기의 아이들은 좋고 싫은 감정이 분명해지고 뚜렷해지는 때라서 음식에서도 그런 특징이 잘 나타나 편식이 시작됩니다. 편식을 하는 아이들은 주로 마른 체형이 많지만 반대로 소아 비만으로 고생하는 경우도 많습니다. 흔히 편식과 소아 비만은 별개의 문제라고 생각하겠지만 기름진 음식과 가공 음식에 길들여진 아이가 다른 음식을 거부하고 특정 음식만 고집할 때 비만으로 연결되는 것은 당연한 결과입니다. 때문에 편식은 과식과 함께 소아 비만의 주범이기도 합니다.

아이들의 편식은 단순히 아이가 밥을 안 먹고 골라 먹는 것에서 문제가 있는 게 아니라 영양의 균형이 깨져 면역력이 떨어지고 발육이나 건강에 악영향을 준다는 데 더 근본적인 문제가 있습니다. 편식하는 습관을 방치하면 불균형한 영양 상태로 성장 발육이 더디고 두뇌 발육, 근골격 발달, 신체 각 기관의 발달이 정상적으로 이뤄지지 않게 됩니다. 또 기력이 쇠하고 면역력이 떨어졌기 때문에 식욕 부진, 변비, 빈혈, 비만 등의 질병을 유발하기도 합니다. 뇌의 발달과 정서 발달에도 영향을 미쳐 또래 아이들에 비해 지능이 떨어지는 경우도 있고, 신경질적이고 짜증을 잘 내며 산만하기도 합니다. 최근에는 지나친 편식으로 아토피피부염이나 알레르기 질환이 많이 생겨나 편식은 최대한 빨리 바로잡아 주지 않으면 안 됩니다. 아이가 정상적인 신체 발달과 정서 발달, 올바른 성격 형성을 바라는 부모라면 바람직한 식습관을 형성하는 데 많은 노력을 기울여야 할 것입니다.

아이들이 편식하는 이유는 무엇일까?

아이들이 편식하는 이유 중 하나는 음식의 경험에서 오는 경우가 많습니다. 주로 이유식을 떼고 음식을 접할 때 처음 전달되는 음식의 맛이나 촉감에 거부감을 느끼는 경우나, 일부 음식을 먹고 나서 느끼는 구역질이나 복통과 같은 유쾌하지 않은 경험을 했을 때 아이는 해당 음식에서 멀어지려 합니다. 즉, 아이는 음식에 대해 제대로 느껴보기도 전에 좋지 못한 첫인상으로 계속 피하게 되는 것이지요. 이 같은 문제를 일으키는 대부분의 아이들은 주로 부모가 이유식을 늦게 시작했거나 이유식의 단계를 제대로 밟지 않아서 발생하기도 합니다. 이유식에서 느껴보지 못했던 생소한 맛과 냄새는 아이의 감각을 강하게 자극해 예민하게 만듭니다. 이러한 첫 자극의 불쾌한 감정은 아이의 머릿속에 저장됐다가 이와 비슷한 색상이나 냄새를 맡으면 무조건적으로 거부하는 반응을 보이는 것입니다.

또 하나의 이유는 아이가 먹기 싫어하는 것을 부모가 억지로 강요해서 먹였을 때 나타납니다. 자기가 하기 싫은 일을 시키면 강한 반발심이 생기는 것처럼 음식도 강요받으면 안 좋은 감정이 생기게 됩니다. 평소 잘 먹던 음식이라도 먹고 싶지 않은 순간에 억지로 먹이면 다음에도 그 음식은 먹기 싫은 음식으로 낙인찍히게 되는 것입니다. 이 같은 경우에는 오히려 부모가 아이의 편식 습관을 만든다고 할 수 있습니다. 따라서 아이에게 음식을 강요하는 것은 매우 옳지 않은 행동입니다.

음식에 대한 나쁜 인상은 아이에게 잔병으로 나타나는데 아이가 이유식이나 고형 음식을 먹을 때 복통이나 설사, 구토 증세를 보이지는 않았는지 생각해볼 필요가 있습니다. 이유식에 들어갔던 식품 중에 아이에게 불쾌한 경험을 준 식품이 있다면 아이는 직감적으로 그 음식에 대한 강한 거부감이 생깁니다. 부모가 아이의 이런 경험과 마음을 모르고 지나친다면 또다시 아이에게 음식을 강요하는 우를 범하게 됩니다. 때문에 아이는 해당 음식에 대한 편견을 지우지 못하고 지속적으로 강하게 거부하는 반응을 보이는 것입니다. 사실 어른들도 체한 음식은 조심하고 두려워하기 마련입니다. 하물며 아이가 자신이 처음 먹은 음식 때문에 질병을 앓게 된다면 싫고 두려워하는 것이 당연합니다. 그러므로 편식하는 아이의 부모는 아이가 왜 그러한 행동을 보이는지 평소 식습관을 자세히 관찰하고 적절하게 대응하는 요령이 필요합니다. 이 외에도 아이들은 부모가 편식하는 것을 그대로 보고 따라하거나 일부는 닭, 돼지, 소, 물고기 등의 가축이나 어류에 대한 동정심으로 특정 음식을 거부할 수도 있습니다.

특히 애정이 결핍된 아이가 일부러 편식하는 경우도 있습니다. 사회생활이 잦은 부모와 보내는 시간이 적은 아이들은 일부러 편식과 투정을 부리면서 부모의 관심과 사랑을 얻고자 합니다. 이렇게 예민할 때 부모가 아이의 마음을 제대로 헤아리지 못하고 도리어 꾸짖게 되면 아이의 편식은 처음 의도와는 달리 강한 반발심과 스트레스로 변하게 됩니다. 정서적으로 큰 혼란을 주고 섭식 장애를 유발하기도 해서 이 같은 원인의 편식은 매우 주의를 기울여야 합니다. 부모는 아이의 편식을 단순히 입맛의 문제라고 생각하지 말고, 아이를 충분히 살핀 후 그 원인을 파악해 천천히 개선해 나가는 것이 중요합니다. 아이들의 문제는 대부분 부모에게서 나온다고 보아야 합니다. 비록 아이가 편식으로 속을 썩여도 여유를 가지고 차근차근 개선해 나가도록 노력하십시오.

편식 습관을 바꾸는 지혜

일단 편식은 강제적으로 고치려 하면 오히려 역효과가 납니다. 아이의 편식을 고칠 때는 세심하게 주의를 기울여 가족 전체의 도움이 필요합니다. 그 첫 번째가 먼저 가족들 모두 편식하는 습관을 버리고 올바른 식습관을 갖도록 모범을 보여주는 것입니다. 특히 부모는 자신들이 싫어

하는 음식이라도 자주 요리해서 맛있게 먹는 모습과 그 맛에 대해 긍정적으로 표현해주어야 아이가 음식에 대한 호기심을 느낄 수 있습니다.

두 번째는 올바른 이유식의 단계를 거치도록 합니다. 시중에 판매되는 인스턴트 이유식은 영양소는 있지만 혀로 느낄 수 있는 음식은 없습니다. 때문에 고형식의 천연재료가 아이에게 낯설게 느껴지는 것입니다. 부모가 직접 천연재료로 이유식을 만들어 단계적으로 적절하게 섭취시키는 것이 중요합니다.

세 번째는 다양한 음식의 경험과 다양한 조리법의 개발입니다. 많이 먹어본 사람이 그 맛을 안다고 아이들도 자극적인 음식은 피해서 다양한 음식을 맛보게 해 미각을 자극하고, 다양하게 조리해서 아이 취향에 맞는 조리법을 발견하는 것이 중요합니다. 아이가 평소 싫어하는 식품이라도 어떻게 조리하느냐에 따라 입맛이 달라지기 때문에 조리법 연구에도 노력할 필요가 있습니다.

넷째는 가공된 군것질을 피하고 적당한 간식을 줍니다. 간식도 영양가가 있는 것으로 메뉴를 선택하고, 배가 부를 정도로 많은 양이 아니라 양을 적게 줘서 식욕을 당기도록 합니다. 간식은 일종의 식욕 촉진(애피타이저) 역할이면 충분합니다. 아이가 출출해 할 때 싫어하는 음식 재료를 조리법을 다르게 해 간식으로 내놓아 음식에 친숙해지도록 하는 것도 좋습니다.

다섯 번째는 편식에 관한 아이의 이유를 들어줍니다. 아이가 편식한다고 무조건 나무랄 것이 아니라 왜 싫은지를 물어봐야 합니다. 그래야 원인이 모양이나 냄새, 감촉 혹은 정서적인 이유인지 파악할 수도 있고 능동적으로 대응할 수 있습니다. 음식 감각이 문제라면 조리법과 모양을 달리해주면 되고, 정서적인 결핍이 원인이라면 부모가 애정을 쏟아 아이를 보듬어주는 모습을 많이 보여주어야 할 것입니다.

부모는 편식하는 아이의 습관을 단시간에 고치겠다는 욕심을 버리고 항상 일관된 모습으로 여유를 두고 천천히 고쳐가는 것이 좋습니다. 아이가 심하게 떼를 쓰며 밥을 먹지 않겠다고 강하게 반발하면 화를 내며 다그치기보다는 내버려두고 스스로 먹을 때까지 기다려주는 것도 하나의 방법입니다. 아이가 음식에 흥미를 갖도록 항상 요리하는 모습을 보여주고, 아이가 요리에 직접 참여하여 공감대를 형성할 수 있도록 하고, 아이에게 편식하면 안 되는 이유를 차근차근 설명해주는 것도 현명한 방법이라 할 수 있습니다. 이렇게 아이의 식습관을 개선해가다 보면 아이는 어느새 편식 습관을 고치고, 건강하고 튼튼하게 자라게 될 것이 분명합니다.

12. 자연식과 제철음식을 고집하라

요즈음 웰빙 바람이 거세게 불고 있습니다. 사회 곳곳에 도사리고 있

267

는 위험 요소로부터 건강을 지킬 최선책으로 웰빙이 등장한 것입니다. 웰빙은 말 그대로 건강한 삶을 사는 것입니다. 웰빙의 속뜻은 자연의 순리대로 자연 그대로를 받아들이고 인체의 생체 리듬에 맞춰 건강을 영위하는 것에 있습니다. 최대한 자연과 닮게 살아가는 섭생(攝生)의 의미가 되는 것입니다. 자연과 닮게 산다는 것은 인체 리듬에 가장 효과적이고 긍정적인 반응을 이끌어내는 방법입니다. 때문에 웰빙에 관심이 쏠리고 중요하게 여기는 것입니다. 웰빙은 건강을 대변하는 수식어와 같습니다. 그런데 웰빙 문화는 한의학과 일맥상통하는 부분이 많습니다. 자연적이고 인간적인 삶을 근본으로, 자연을 통해 인체를 이해하고 자연과 환경에 순응하여 질병을 미연에 예방하고 고치는 이념이 그것입니다.

　한의학적인 관점에서 웰빙의 기초는 제철에 나는 음식을 섭취함으로써 그 시기의 기운을 흡수하여 인체를 이롭게 하고, 보다 순수한 식품으로 생명력을 강화하는 데 있습니다. 한마디로 웰빙 문화는 자연식과 제철음식을 먹으며 생활하는 것이라고 할 수 있습니다. 자연식은 말 그대로 계절에 따라 자연스럽게 만들어진 천연식품들로 인위적인 정제나 가공을 하지 않고 자연 그대로 먹는 식사법을 말합니다. 최소한의 조리로 식품 본래의 영양소와 생명력을 살려주는 음식이라 할 수 있습니다. 자연식을 먹는다는 의미는 제 땅에서 나는 식품을 제철에, 몸에서 요구하는 만큼, 먹는 것을 말합니다. 사람은 본디 그 땅에 맞게 체질을 이루며 태어나기 마련입니다. 때문에 그 땅에서 나는 식품이 그 땅에서 살아가는 사람에게는 가장 적합하고 완전한 먹을거리라 할 수 있습니다. 철 따라 나는 곡식과 채소, 과일을 그 시기에 먹어야 식품이 가지고 있는 고유의 영양분을 최대한 흡수할 수 있습니다. '신토불이' 제철음식보다 더 좋은 건강식품은 없습니다. 가능하다면 노지 재배의 제철음식, 유기농 제철 음식이 더 좋습니다.

자연이 안겨주는 최고의 선물, 제철음식과 자연식

모든 식품은 각기 수확되는 계절이 정해져 있습니다. 곡식이든, 채소·과일이든, 생선이든 자연이 정해놓은 시기에 맞춰 때마다 우리에게 미각을 선사해주고 있습니다. 하지만 요즘은 재배 기술의 발달로 계절에 상관없이 연중 수확되어 굳이 제철을 기다리지 않고 언제나 원하는 음식을 먹을 수 있게 됐습니다. 겉보기에는 그럴싸하게 더 커지고, 더 화려해도 인공 재배 식품이 제철음식을 따라올 수 없는 이유는 바로 음식의 탄탄한 내실에 있습니다. 자연이 선사해주는 제철음식은 제때 수확한 것이 가장 맛있고 영양가가 최고로 높습니다. 곡식과 채소, 야채는 적정한 태양 빛과 수분, 온도처럼 자연의 모든 혜택을 받고 탄생해 생명력을 품고 있습니다. 또 제철 생선은 산란하기 전에 먹이를 잔뜩 먹고 지방이 통통하게 올라 있는 시기를 말합니다. 이래서 제철음식들은 순수한 자연 에너지가 응축돼 완전한 영양소로 거듭날 수 있게 되는 것입니다.

인체도 바로 이런 자연의 영향을 그대로 받아서 계절에 맞춰 생산되는 식품을 요구합니다. 『황제내경』에서 봄에 전신이 기운이 없고 나른한 것은 겨우내 간 기능이 약해졌기 때문이므로 제철에 나는 봄나물은 간 기능을 높여주는 효과가 있다고 쓰여 있습니다. 또 여름철은 땀을 보충하고 몸의 열을 식혀주기 위해 수박, 참외, 오이 등의 과일과 채소가 많이 나오며, 오곡백과가 늘어나는 가을은 긴 겨울을 이겨내기 위해 다양하고 영양소가 풍부한 식품들이 생산돼 겨울까지 우리에게 영양분을 전해주는 것입니다. 따라서 제철음식과 인체는 우주의 큰 의미 안에 함께 어우러진 순환관계라 할 수 있습니다. 제철음식이 건강에 좋은 것은 당연한 이치입니다. 제철음식을 영양소 하나라도 빼놓지 않고 섭취하려면 자연 그대로의 형태로 먹어야 합니다. 식품은 수확하고 최대한 빨리 음식으로 만들어 먹는 것이 맛이나 영양적인 측면에서 좋은데 여기에 화학첨가물이 들어가면 맛이 변형되고 영양이 파괴돼 결국 유해성분이 몸속에 쌓이게 됩니다. 때문에 기껏 좋은 제철음식을 먹었더라도 건강을 증진시키는 데 탁월한 효과를 발휘하지 못합니다. 제철음식이 보약이 될 수 있도록 먹는 방법은 자연 그대로를 먹는 '자연식'으로 먹는 것이 중요합니다.

　식품은 불을 가열하고 조리하는 과정에서 많은 영양소 파괴가 일어납니다. 몸은 필요한 에너지를 충당하기 위해 더 많은 음식을 섭취할 수밖에 없고, 유해한 식품첨가물의 축적으로 결국 몸의 균형을 흐트러놓게 되는 것입니다. 있는 그대로 먹을 수 있는 식품은 그대로 먹고, 조리해야 할 것은 빠른 시간 내 조리해서 천연 양념을 사용하는 것이 좋습니다. 이렇게 해야 식품 속에 들어 있는 자연의 생명력을 고스란히 섭취할 수 있어 건강한 몸을 만들 수 있습니다. 정크푸드에 익숙해진 아이들과 그에 따라 면역력이 떨어지고 잔병치레가 많은 아이들에게 자연식을 권유하는 이유도 바로 이런 이유 때문입니다. 생명력이 풍부한 자연식이야말로 자연과 생체 리듬에 맞는 양생법으로 무병장수의 근본이라 할 수 있습니다.

제철에 맞는 건강 음식들

(1) 봄

봄철의 대표적인 제철음식은 봄나물입니다. 봄나물은 비타민과 무기질

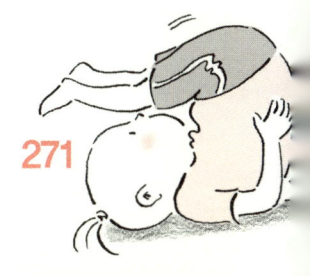

이 풍부해 신진대사를 원활하게 해줍니다. 봄나물은 봄에 찾아오는 춘곤증이나 피로를 이기게 하고 입맛을 돋워줍니다. 봄나물을 먹을 때는 여러 가지를 함께 먹어 장기에 두루 유익하게 해야 합니다. 봄나물도 재료에 따라서 각각 그 효용이 다릅니다. 냉이, 달래와 두릅은 머리를 맑게 하며, 씀바귀는 소화 기능을 좋게 하고, 쑥은 냉한 몸을 덥혀주며 피로회복에 도움을 줍니다. 따라서 영양소가 파괴되지 않게 가볍게 무쳐 먹거나 냉이, 달래, 쑥은 된장국을 끓여 먹어도 매우 좋습니다. 이 외에 봄에 나는 제철식품으로 도라지, 마늘종, 미나리, 더덕 등이 있으며 생선류는 조기, 굴비, 양미리, 우럭, 꽁치 등이 봄에 나는 제철음식입니다.

(2) 여름

무더운 여름은 땀으로 손실된 수분과 단백질을 보충하고 피로를 회복시켜주는 대표적인 제철음식은 과일입니다. 과일은 수분뿐 아니라 단백질과 비타민까지 보충해줘 여름철에 먹으면 몸을 보강하는 데 제격입니다. 대표적으로 수분, 비타민 A, B, C를 비롯해 단백질, 포도당, 과당, 칼슘, 인, 철, 무기질까지 고루 들어 있는 수박과 딸기, 참외, 토마토 등을 많이 먹고 채소로는 열무, 오이, 애호박, 깻잎, 풋고추 등이 있습니다. 포도는 여름의 끝을 장식하는 과일로 지친 몸의 피로를 풀어주고 영양과 면역력을 강화시켜 소화력이 약한 아이들에게 먹이면 아주 좋습니다. 간식으로는 주로 탄수화물이 풍부한 옥수수를 먹으면 피부 저항력을 높여 피부 건조와 습진 등을 예방할 수 있습니다. 생선은 산란기에 접어들어 제맛이 나지 않습니다. 일부 민어, 새우, 성게, 미꾸라지가 여름철 제철음식 재료로 좋지만 그 중 미꾸라지는 여름철 보신용으로 많이 먹기도 합니다.

(3) 가을

가을은 매우 중요한 시기입니다. 여름 동안 더위에 시친 입맛을 살려주고, 긴 겨울을 준비하여 몸을 보강해주기 때문입니다. 특히 가을철에 먹을거리가 풍성한 것도 이러한 이유에서입니다. 섬유질이 풍부하고 소화 흡수를 도와주는 고구마, 밤, 감, 대추 등이 가을의 제철음식입니다. 갈치, 고등어, 토란, 연근과 같은 생선과 채소가 가을에 가장 맛있고 겨울에 부족하기 쉬운 비타민을 저장하기 위해 유자, 모과, 사과, 배 등의 과일과 배추, 무, 버섯류의 식품을 많이 먹어두면 좋습니다. 또 가을에 나는 나물이나 과일들을 햇볕에 잘 건조시켜 겨우내 먹을 수 있고 모자란 영양소를 보충할 수 있습니다. 이렇게 하면 긴긴 겨울 동안 에너지 부족으로 움츠려 지내는 일은 없을 것입니다.

(4) 겨울

계절 중 가장 긴 겨울은 모든 생명이 긴 잠을 자는 것처럼 인체도 기능이 활발하지 못합니다. 따라서 양기를 상승하게 하고 신장을 튼튼하게

273

해주는 새우, 도미, 청어, 명태, 가자미 등을 먹고, 굴과 꽁치는 단백질 함량이 높아 맛도 좋고 몸의 기운도 보강해줍니다. 철분, 비타민, 인, 아연 등 다양한 영양소가 함유된 굴로 기운을 돋워주는 것도 좋습니다. 겨울 채소는 당근, 시금치, 우엉, 양배추 등이 있으며 주로 맛이 단 것이 특징입니다. 이런 제철음식은 겨울철에 부족하기 쉬운 비타민을 보충할 수 있습니다. 과일 역시 감귤류와 오렌지, 건포도, 레몬 등을 많이 먹어야 비타민 결핍에서 벗어날 수 있습니다.

13. 영양소는 잡고 화학조미료는 멀리하자

캐나다와 일본에서 발표된 연구 자료에 의하면 평소 가공식품 위주로 짜인 학교 식단을 유기농으로 바꾸자 학생들의 집중력이 향상되고 학업 능력이 놀랄 정도로 좋아졌다고 합니다. 특히 산만하고 폭력적이었던 아이들은 차분하고 긍정적인 성향을 보였으며, 전체적으로 지능지수가 10% 정도 높아진 것으로 보고되고 있습니다. 단지, 음식 재료를 유기농으로만 바꿨을 뿐인데 이렇게 아이들의 인성까지 바뀌게 된 이유는 무엇 때문일까요? 바로 음식에 들어 있는 화학 성분 때문입니다.

일본에서는 방부제와 유해색소, 화학조미료 등이 DNA를 손상시키고 신경 조직을 파괴한다는 연구결과가 나왔습니다. 화학조미료에는 L-글

루타민산 나트륨이 상당량 들어 있는데 인체가 이것을 소화하려면 많은 양의 비타민 B_6(피리독신)를 요구하게 됩니다. 때문에 화학조미료를 과다 섭취하면 단백질을 합성하고 항체, 호르몬, 신경전달물질을 생성하며 생리작용에 절대적으로 필요한 B_6의 결핍을 초래하게 됩니다. B_6의 결핍은 성장기에 중요한 단백질 대사와 신경전달물질과 생리 기능에 문제를 가져온다는 것을 의미합니다. 그러므로 외부 정보에 대해 신호를 전달하는 기능이 약해져 두뇌 회전도 불완전해집니다. 결과적으로 음식의 화학 성분은 아이의 육체 성장과 두뇌 성장 모두를 방해하고 있는 것입니다.

우리는 이에 대해 제대로 알지 못하고 있으며, 감칠맛 나는 음식을 만들기 위해 너무 쉽게 화학조미료를 음식에 넣고 있습니다. 음식량에 비해 조금 들어가는 것이 아이에게 얼마나 많은 영향을 주겠느냐고 생각할지도 모르지만 아이들은 화학 성분을 제대로 배출하지 못하기 때문에 상당부분 몸에 그대로 축적되게 됩니다.

화학 성분은 집에서 만드는 음식에만 들어가는 것이 아니기 때문에 아이가 평소 먹는 음식에 비례하면 결코 적은 양도 아닙니다. 아이들의 주된 간식거리인 인스턴트식품이나 햄, 소시지, 라면 등의 가공식품, 아이스크림, 과자, 음료수, 빵 등 거의 모든 식품에 화학조미료가 함유돼 있기 때문에 그 양만으로도 어마어마합니다. 그러므로 아이들은 매일 먹는 군것질과 음식을 통해 많은 양의 화학조미료를 들이키고 있는 셈입니다.

예컨대 아이가 스낵 한 봉지를 먹더라도 그 안에는 최소 0.5g의 나트륨

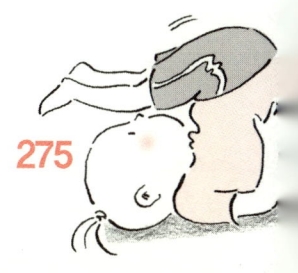

이 들어가 있습니다. 나트륨은 우리 몸에 필요한 영양소이긴 하지만 과다 섭취를 하게 되면 신(腎)과 심(心)에 부담을 주고 섭식 습관이 되어 성인까지 이어지면 뇌혈관과 심혈관 질환의 원인이 되기도 합니다. 사실은 생활습관병(성인병)도 어려서부터 예방에 힘써야 합니다. 성인이 됐을 때는 이미 늦습니다. 만성 질환은 하루아침에 발생하는 것이 아닙니다. 아이가 하루에 먹는 과자와 음식에 들어 있는 조미료, 그 외에 가공식품으로 만들어진 간식, 어떻게 만들어졌는지 알 수 없는 학교 급식 등을 생각하면 아이들의 화학조미료 섭취량을 어림짐작할 수 있을 겁니다. 때문에 집에서만큼은 아이의 화학조미료 섭취량을 줄이는 노력이 필요합니다.

조미료도 영양 성분입니다. 그저 음식 맛을 돋우는 역할만 하는 것이 아닙니다. 하지만 시중의 화학조미료들은 모두 가공 물질들인데 흔히 소금, 설탕, 식초 등이 대표적이라 할 수 있습니다. 사실 이러한 조미료는 식재료 자체에 들어 있는 당과 염분만으로도 하루 섭취량이 충분합니다. 오히려 불필요한 화학조미료 첨가는 지방을 축적하고 다른 영양소의 흡수를 방해할 뿐입니다. 즉, 아이들의 성장에 잡아주어야 할 식품의 영양소를 화학조미료가 강제로 빼앗고 파괴하는 것으로 볼 수 있습니다. 따라서 건강한 아이의 성장을 위해서라도 화학조미료는 멀리하고, 영양소를 잡아주는 건강한 식생활이 반드시 필요합니다.

- - - - - - - - - - - **식품첨가물을 조금이라도 없애기 위한 아홉 가지 요령**

(1) **햄, 소시지, 베이컨** – 끓는 물에 한 번 데쳐 내거나 뜨거운 물에 담가두면 아질산나트륨, 산화방지제, 인공 색소의 잔존량을 조금이라도 줄일 수 있다.

(2) **어묵** – 조리하기 전에 미지근한 물에 5분 정도 담갔다가 헹군 후 조리하면 좋다.

(3) **유부** – 끓는 물로 한번 씻어서 기름기를 제거한 다음에 조리한다.

(4) **빵** – 팬이나 오븐에 한 차례 구워 방부제와 젖산칼륨의 잔존량을 줄인다. 식빵도 생으로 먹는 것은 피하는 것이 좋다.

(5) **두부** – 찬물에 헹궈 응고제, 소포제, 살균제 등의 잔존량을 줄인다. 보관할 때는 밀폐 용기에 물을 붓고 담아서 냉장 보관한다.

(6) **콩, 옥수수 통조림** – 맛을 유지하기 위해 산화방지제를 사용하는 경우가 많다. 일단 체에 거른 후 맑은 물에 한 번 헹궈 사용한다. 대개 수용성이라 이런 방법으로 하면 잔존량이 많이 남지 않지만 가능하면 통조림보다 병에 든 제품을 선택하는 것이 좋다.

(7) **라면** – 면을 끓인 물을 버리고 끓는 물을 다시 부어 사용한다. 컵라면은 물을 붓고 1분 정도 지난 후 물을 버리고 다시 물을 부어 먹는다. 하지만 무엇보다 좋은 것은 아예 먹지 않는 편이 낫다. 또 스프는 먹지 않는 것이 좋다. 아무리 아이가 좋아한다고 해도 양 조절을 하여 차츰 입맛을 떼도록 하자.

(8) **즉석 식품** – 포장 용기에 그대로 데우지 말고 가열용 그릇에 덜어서 데운다.

(9) **일회용품** – 일회용 나무젓가락은 표백제로 하얗게 한 것이며, 일회용 컵은 안에 왁싱 처리를 해서 물이 종이에 스며들지 않도록 한 것이다. 따라서 아예 사용하지 말아야 할 제품이다.

맛도 영양도 잡아주는 똑똑한 '천연조미료'

화학조미료, 몸에는 나쁜데 없으면 맛이 나지 않는다? 아이의 건강도 중요하지만 음식 맛에도 신경 쓰는 엄마라면 화학조미료보다 더 훌륭한

맛내기 비법이 있습니다. 그것은 천연조미료입니다.

천연조미료는 말 그대로 천연재료로 조미료를 만들어 화학조미료의 역할을 대신해주고 그보다 뛰어난 음식 맛이 나도록 도와줍니다. 더욱이 화학조미료는 아이들에게 신체적·정신적 악영향을 끼친다면 반대로 천연조미료는 영양소도 잡아주고 면역력도 높여주는 일석이조 역할을 하고 있습니다. 음식은 본연의 맛을 최대한 살려 자연식을 하는 것이 가장 좋지만 자칫 심심해질 수 있는 자연식의 부족한 맛을 천연조미료로 보충해주는 것도 좋습니다. 천연조미료는 성분 자체가 자연식이기 때문에 걱정이 없고, 오히려 제공된 자연식의 모자란 영양분도 섭취할 수 있고 맛도 높여줘 큰 효과를 거둘 수 있습니다.

천연조미료는 대개 제철재료들을 이용하여 만들어주는 것이 가장 좋습니다. 천연조미료를 만들기 위해서는 우선, 조미료로 만들고 싶은 제철식품을 구해 미리 햇볕에 말린 후 분쇄기로 갈아준 다음, 체에 한 번 걸러 고운 가루를 만들면 됩니다. 이렇게 가루로 만들어진 조미료들은 각각 밀봉해서 냉동실에 보관해두면 1년 정도는 먹을 수 있고, 소량씩 국물용으로 이용할 것은 따로 밀폐 용기에 담아 냉동실에 넣어두면 한 달 정도 보관이 가능합니다. 혹시 보관 중에 가루가 눅눅해지면 약한 불에서 프라이팬으로 볶아 습기를 없애주면 됩니다.

천연조미료에는 각종 미네랄과 비타민, 칼슘, 인, 철분 등의 성분이 많이 함유돼 있으므로 아이의 맛과 건강을 모두 지켜줍니다. 하지만 아무리 천연조미료라 하더라도 사용에 조심해야 할 때가 있습니다. 천연조미료는 이유식을 먹이는 아기들에게는 사용하지 말아야 합니다. 앞서 말씀드렸듯이 이유식에 조미료 맛이 섞이면 미각이 약한 아이들은 천연재료 고유의 맛을 찾지 못하게 됩니다. 때문에 자신이 먹는 이유식의 첫 맛을 기억하지 못하고, 미미한 사용이라도 아기에게는 강하고 자극적인 음식 맛으로 남겨질 가능성이 커서 거부감을 느낄 수도 있습니다. 따라서 아이에게 천연조미료를 넣어 약간의 풍미를 더해주고 싶을 때는 10개월 이상의 아기 때부터 해주는 것이 좋습니다.

흔히 조미료는 설탕, 소금, 식초 등과 같이 맛을 위주로 분류됩니다. 천연조미료 역시 맛을 구분해서 만들면 되는데, 설탕과 같은 단맛의 조미료를 만들려면 주로 과일을 이용합니다. 사과, 키위, 배 등을 사용하고 채소 중에는 단맛이 강한 양파를 건조해서 만들기도 합니다. 짠맛의 경우에는 멸치, 다시마, 새우 등의 해산물을 이용하면 소금을 대신할 수 있고 이를 섞어서 사용하면 감칠맛을 내는 데 아주 좋습니다. 그리고 레몬즙으로 식초를 대신하면 비타민 C 공급과 함께 음식 맛도 더욱 상큼하고 산뜻해지게 됩니다. 그 밖의 천연조미료 재료로는 참깨, 들깨, 버섯, 콩, 북어, 홍합, 견과류 등 다양하게 활용할 수 있습니다. 이렇게 다양한 천연재료 조미료로 가족들의 입맛을 돋우고 건강도 함께 잡을 줄 아는 엄마는 매우 현명한 엄마입니다. 아이의 건강과 영양 모두 놓치지 말고, 천연조미료 하나로 해결할 수 있는 현명한 주부가 되어보세요.

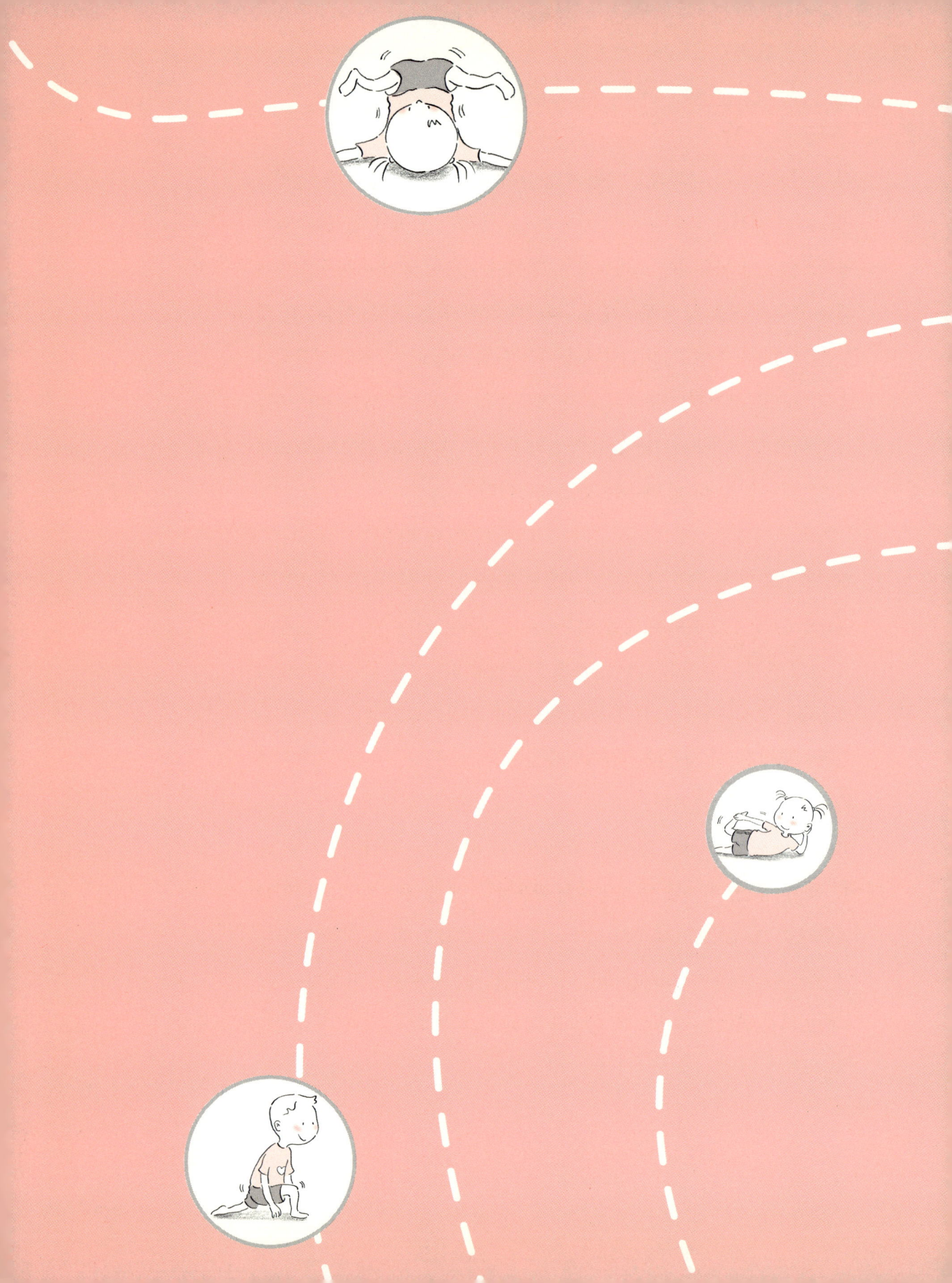

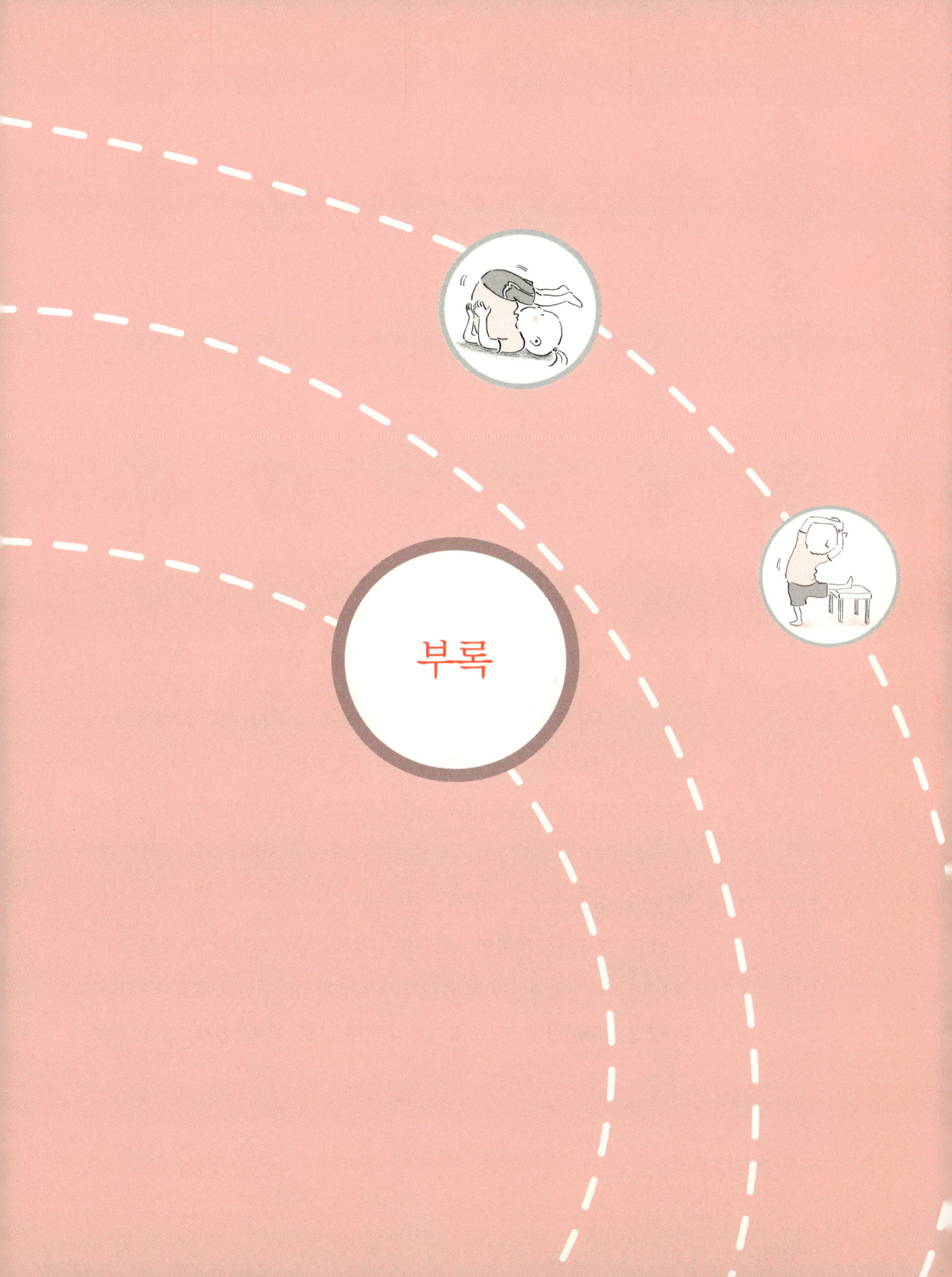

부록

우리 아이
키 컸으면!

아이들의 키는 봄과 여름에 잘 큰다. 봄과 여름에 성장 발육이 왕성해지고, 가을과 겨울에는 기초 체력을 다지는 시기다. 키가 작아서 고민인 아이들은 봄과 여름에 적절한 치료를 해주면 좋다. 중요한 것은 키가 자라지 못하는 문제점을 정확히 찾아내야 하는 것이다. 한방에서는 성장 장애를 이렇게 치료한다.

아이가 호흡기가 약하여 잦은 감기, 기침, 콧물, 코 막힘, 재채기 등 코 질환이나 또는 중이염에 잘 걸리면 면역력을 높여주면서 염증을 치료하는 방법을 구사한다. 또 소화기가 약하여 구토, 복통, 설사, 변비, 식욕 부진 등의 증상은 비위를 튼튼히 하는 치료를 하며, 뇌신경계가 약해 잘 놀라고 겁이 많으며, 소심하고 불안해하며 긴장도 잘하고, 초조한 경우가 많고 잠에 빨리 잠에 들지 못하거나 자주 깨고, 울거나 혹은 몽유 증상이 있으면 뇌신경을 튼튼히 하는 치료를 해준다. 이렇게 잘 자고, 잘 먹고, 잘 뛰어놀고, 대소변을 잘 보게 하면 아이들의 키는 쑥쑥 크게 돼 있다.

몸이 냉한 아이들은 인체 조직이 차가워 오장육부 기능이 원활하지 못하다. 이런 아이들은 손발이 유난히 차거나 입술에 푸른색이 도는데 이렇게 몸이 냉할 때도 성장에 방해를 받아 키가 크지 않는다. 성장 발육이 늦은 아이들은 아침밥을 꼭 먹이며 편식하지 않도록 신경을 써주어야 한다. 아침에는 몸 안의 기운이 오를 때이므로 영양가가 풍부한 음식을 양껏 섭취해 키 크는 데 도움을 되도록 한다. 대신 저녁은 가볍게 해서 오장육부가 밤새 충분히 휴식을 취할 수 있도록 해준다.

아이가 지나치게 발육 상태가 좋지 않다면 호박씨와 땅콩, 호두와 같은 견과류를 섭취하도록 하는 것도 좋다. 호박씨와 땅콩, 호두를 같은 양으로 준비해서 찧은 다음, 꿀을 넣고 잘 섞어서 하루에 3번, 10~15g 정도씩 먹이면 좋다. 또한 대합에는 칼슘이 풍부하게 들어 있어서 아이에게 먹이면 뼈를 단단하게 해줘 성장에 도움을 준다.

키를 크게 하는 운동 – 하루 10분, 집에서 해요!

여기에 소개하는 운동은 몸을 늘여주고 관절이나 근육을 이완시키면서 키가 크는 데 도움을 주는 동작만 모은 것이다. 매일 규칙적으로 해야 효과를 볼 수 있다. 한 동작을 하는 데 걸리는 시간은 10~30초가 적당하다.

앉아서 하기

다리 펴기
왼쪽 다리를 굽히고 오른쪽 다리는 반듯이 편다. 왼쪽 발바닥은 오른쪽 대퇴부 안쪽을 향하게 하고, 엉덩이부터 앞으로 굽힌다. 뻗은 다리가 바깥쪽으로 돌아가지 않도록 하고 발목과 일직선이 되도록 한다.

발목 돌리기
안쪽 다리를 쭉 편 상태에서 한 쪽 발의 발목과 발을 각각 잡고 시계 방향과 시계 반대 방향으로 돌린다. 각 방향으로 약 10~20회씩이 적당하다. 그 다음은 손가락으로 발가락을 몸쪽으로 당긴다. 발끝과 발가락의 인대를 스트레칭하는 동작이다. 1회 10초씩 2~3회 반복한다.

뒤로 기울이기
무릎을 직각으로 구부린 상태에서 손가락은 무릎 쪽을 향하게 하고 엄지손가락은 바깥쪽을 향하도록 바닥을 짚는다. 엉덩이를 뒤로 당기듯이 상체를 뒤로 젖히면서 손바닥을 평평하게 편다.

상체 회전시키기

다리를 반듯하게 펴고 앉는다. 왼쪽 다리를 구부려 발을 오른쪽 무릎 위로 엇갈리게 하여 오른쪽 무릎 바깥쪽에 놓는다. 왼손은 등 뒤에 놓고 머리를 서서히 돌려 왼쪽 어깨너머를 바라보면서 동시에 상체를 왼쪽으로 돌린다.

발바닥 붙이기

손으로 발과 발끝을 감싸주면서 양쪽 발바닥을 서로 붙인다. 발뒤꿈치와의 사이는 본인이 하기에 편안한 거리면 된다. 그 상태에서 상체를 앞으로 부드럽게 당기듯 굽힌다.

엎드리기

무릎을 구부린 채 앉아서 팔을 앞으로 쭉 뻗으면서 앞으로 엎드린다. 그 자세를 15초 정도 유지한다.

엉덩이 근육 펴기

두 다리를 쭉 편 상태에서 손바닥은 바닥을 짚은 자세를 한다. 한 쪽 다리를 직각이 되도록 구부려 앞쪽으로 이동한다. 반대쪽 다리는 무릎을 바닥에 댄 상태로 해야 한다.

마무리 동작

무릎을 꿇고 앉아 두 손을 다리에 올려놓고 20~30초 동안 자세를 유지한다.

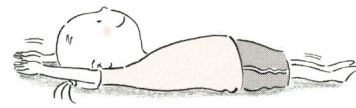

몸 펴기
양다리를 반듯하게 펴고 팔과 손을 어깨 위로 쭉 편 다음 시선은 발가락 쪽을 향한다. 5초 동안 자세를 유지한다.

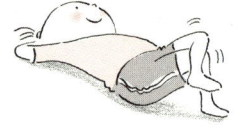

엉덩이 당기기
다리를 구부리고 두 손은 머리 뒤로 깍지를 낀다. 구부린 오른쪽 다리 위로 왼쪽 다리를 올려놓고 왼쪽으로 쏠리듯 왼쪽 다리에 힘을 준다.

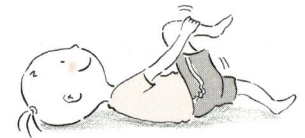

다리 잡아당기기
반듯이 누운 자세로 한 쪽 다리를 가슴으로 잡아당긴다. 이때 머리 뒷부분이 바닥에 닿지 않도록 한다. 30초 동안 자세를 유지한다. 다음에는 양쪽 다리를 구부려 가슴으로 잡아당긴다. 머리를 무릎 쪽으로 말듯이 구부린다.

목 당기기
윗몸일으키기 자세로 눕는다. 팔의 힘을 이용해서 목 뒷부분에서 당기는 느낌이 들 때까지 머리를 서서히 앞으로 당긴다. 1회 5~10초 동안 자세를 유지한다.

어깨와 등 펴기
다리를 구부리고 반듯하게 누운 상태에서 한 쪽 팔은 위로 쭉 펴고 한 쪽 팔은 아래로 쭉 편다.

무릎 굽히기
한 쪽 무릎을 굽혀서 두 손을 감싸듯 잡는다. 당기는 느낌이 들 때까지 가슴으로 부드럽게 잡아당긴다. 40초 동안 자세를 유지한다.

허리와 다리 펴기
두 다리를 쭉 펴고 손은 허리를 받친다. 또 나리와 필을 양쪽으로 펴서 양손으로 발끝을 잡아준다. 그 다음은 다리를 거의 반듯하게 한 상태로 위로 들어올리고 양손은 엉덩이를 받치면서 어깨와 팔로 균형을 잡는다.

발목 당기기
왼쪽으로 누워서 왼손으로 머리를 받친 후 오른손으로 발목의 관절을 잡는다. 10초 동안 자세를 유지한다.

구르기
반듯하게 누운 자세에서 두 다리를 머리 위로 넘기고 발이 바닥에 닿게 한다. 양손으로 엉덩이를 받친다. 6~8회 정도 반복한다.

발과 손 동시에 펴기
반듯하게 누운 상태에서 오른쪽 팔을 펴면서 왼쪽 발끝을 뾰족하게 편다. 5초 동안 자세를 유지한다.

서서 하기

팔 뻗기
어깨 높이로 양팔을 들어 올린 다음 깍지를 낀다. 팔을 앞으로 뻗으면서 손바닥은 바깥쪽을 향하게 한다. 15초 동안 가만히 있다가 팔을 내린다.

팔 교차하기
팔을 머리 위로 뻗어 올린 다음 양손바닥을 교차하듯이 붙이고 약간 뒤로 몸을 당기듯 스트레칭한다. 호흡하면서 5~8초 동안 자세를 유지한다.

등 뒤에서 손잡기
한 쪽 팔은 머리 뒤로 최대한 내리고, 한 쪽 팔은 등 뒤로 최대한 올려서 양손을 맞잡는다.

등 뒤에서 깍지 끼기
양팔을 쭉 편 후 등 뒤에서 양손을 잡고 팔꿈치를 안쪽으로 서서히 돌리도록 한다. 5~15초 동안 자세를 유지한다.

팔꿈치 잡아당기기
양팔을 머리 뒤로 돌려서 한 쪽 손으로 반대편 팔꿈치를 부드럽게 당긴다. 15초 동안 자세를 유지한다. 이 자세로 동시에 엉덩이에서 옆구리까지 옆으로 굽힌다. 무릎을 약간 굽히면서 하면 균형을 잡는 데 도움이 된다.

옆구리와 다리 당기기
왼쪽 손으로 오른쪽 손을 잡고 머리 위로 쭉 당긴다. 왼쪽 다리는 엉덩이 높이의 탁자 위에 올려놓는다. 상체의 옆구리와 올린 다리 안쪽을 당겨주는 동작이다. 15초 동안 자세를 유지한다.

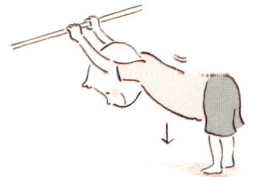

상체 당기기
두 팔을 어깨 넓이만큼 벌린 채 어깨높이의 봉을 잡고 무릎을 약간 굽히면서 상체를 아래로 당기듯 내린다. 차차 무릎을 더 굽혀서 팔과 상체를 힘 있게 당긴다.

발목 잡고 구부리기
다리를 약간 구부리고 몸을 앞으로 굽혀서 양손으로 발목을 잡고 상체를 아래로 당기듯 굽힌다.

앞으로 굽히기
발을 어깨 넓이만큼 벌리고 허리를 굽혀서 손바닥을 바닥에 닿게 한다. 정강이 부위가 당기는 느낌이 있을 때까지 구부린다. 15~20초 동안 이 자세를 유지한다.

팔 당기기
목의 옆과 윗부분을 당겨주는 효과가 있다. 한 쪽 손을 등 뒤로 한 다음 다른 쪽 손으로 잡고 아래쪽 대각선 방향으로 잡아당긴다. 이때 머리 옆 부분을 잡아당기는 팔 반대편 어깨 쪽으로 기울이도록 한다. 10초 동안 자세를 유지한다.

엄마 손이 약손

• 응급 지압법

아기가 급하게 탈이 났을 때 양약·한약 등의 비상약으로 처치하면서 보조 요법으로 지압법을 알아두면 상당히 효과적이다. 특히 지압법은 집 밖에서 아이에게 사고가 일어났을 때 아무런 도구 없이 즉시 시행할 수 있고 효과도 뛰어나서 엄마가 꼭 알아두어야 할 응급처치법이다.

• 지압의 원리

지압이란 경혈에 자극을 줘 특정 신체 부위의 질환을 치료하는 것을 말한다. 경락이란 오장육부의 반응이 몸 거죽에 나타나는 경로를 말하며 기찻길처럼 얽혀 있다. 경혈이란 침을 놓거나 뜸을 뜰 때 반응이 일어나는 경락에 위치한 자리를 말하며, 기차역과 같다고 할 수 있다.

'경혈 안마'라고도 하는 지압법은 조상 대대로 내려온 오래된 질병 치료법 중 하나다. 일반인들은 침이나 뜸을 함부로 사용할 수 없으므로 손으로 꼭꼭 눌러주는 지압법을 많이 사용한다. 경혈의 위치만 알면 언제 어디서든지 간편하게 지압할 수 있어서 간편하다. 특히 지압은 쉽게 탈이 잘 나는 아기를 위해서 엄마가 꼭 알아둘 만한 응급처치법이다. 따라서 지압은 질병을 낫게 할 뿐 아니라 엄마가 손으로 아기 몸을 눌러주는 스킨십을 통해 아기를 정서적으로 안정시켜주는 이중 효과를 얻을 수 있다. 우리 신체의 수많은 경혈 중에서 어린아이들에게 필요하고 비교적 잘 듣는 경혈은 다음과 같다.

엄마가 꼭 알아야 할 16군데 경혈지압법

• 지압을 하기 전에

지압을 하기 전에 엄마는 손바닥을 싹싹 비벼 따뜻하게 만든다. 손바닥을 비비면 흔히 '기'라는 원적외선이 방출되는데 이 기운이 손을 통해 아기에게 전해져 지압 효과를 높여준다. 손가락으로 해당 경혈을 꼭꼭 눌러주는 정도면 되는데 경혈 부위를 따뜻하게 해주면 더욱 좋다.

신주혈
엎드려서 고개를 힘껏 뒤로 젖히면 어깨와 목 사이에 불룩하게 근육이 튀어나오는 부분이 있는데, 그 바로 밑의 움푹 들어간 곳에 있다. 이 혈은 어린아이의 모든 병에 사용하는 경혈이다. 이 혈을 지압하는 것만으로도 낫는 병이 많고, 체질 개선에도 도움이 된다. 발열이나 천식, 호흡기 질환, 잘 놀라거나 잠을 잘 자지 못할 때 등 대부분의 병에 효과가 있어 예부터 어린아이의 건강 증진에 많이 이용돼왔다.

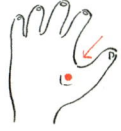

합곡혈
엄지손가락과 둘째손가락 사이의 움푹 들어간 곳이다. 이 혈은 얼굴 부위의 병에 특히 효과가 있다. 편도선염, 얼굴 부위에 생긴 뾰루지나 여드름, 경련, 목구멍이 붓거나 아플 때, 치통, 복통, 코피, 눈병, 귓병 등에 효과가 있다.

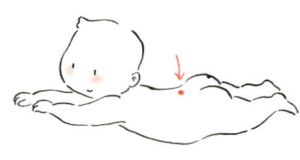

명문혈

엎드렸을 때 등뼈에서 가장 깊이 들어가는 부위로 배꼽을 기점으로 해서 평행선으로 허리 뼈와 만나는 가장 우묵한 곳이다. 뇌와 관련된 질병에 사용하면 효과가 있는 혈이다. 발열, 코피, 야뇨증, 천식, 녹변, 설사, 구토 등의 증상이 나타날 때 좋고, 허리 아래 부분의 병에 효과적이다. 영아의 질환은 신주혈과 명문혈만 잘 만져줘도 해결된다는 말이 있을 정도로 중요한 경혈이다.

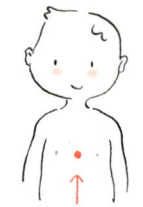

잔중혈

젖꼭지와 젖꼭지 사이의 중간점이다. 신경이 예민해서 스트레스가 쌓여 생기는 병에 효과적이다. 호흡기 질환에도 좋고 늑막염, 기관지염, 식도 경련 등의 증상에도 사용한다. 손 외에 칫솔로 가볍게 문질러주거나 따뜻하게 해주면 더 좋다.

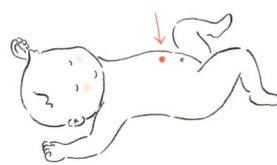

중완혈

배꼽과 흉골 아래쪽 오목가슴의 중간점에 위치한다. 과식을 했거나 뱃속에 가스가 차는 등 소화기와 관련된 모든 병에 효과가 있다. 손으로 눌러주어도 좋고, 그 부분을 따뜻하게 해주는 것만으로도 효과가 있다. 복부를 지압할 때는 너무 세게 하지 말고 부드럽고 가볍게 해주는 것이 중요하다.

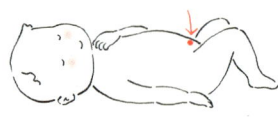

신궐혈

배꼽의 중앙 부위다. 죽은 지 얼마 안 된 경우라도 뜸질을 해주면 살아난다는 급소를 말한다. 위장 기능이 좋지 않거나 복부의 냉기로 인해서 생기는 장염에 효과적이다. 그러나 십이지장염, 위궤양 등의 증세는 이 부위를 따뜻하게 하거나 자극을 주면 오히려 악화되는 경우도 있으니 주의해야 한다.

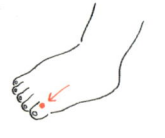

대돈혈

엄지발가락의 발톱 뿌리 부분에서 조금 떨어진 곳에 있다. 생명이 위험할 때 엄지발가락의 뼈를 부러뜨리면 산다는 말이 있다. 즉 인사불성 등의 위급한 상황에서 대돈혈에 집중적으로 뜸이나 침을 놓으면 살아난다고 할 만큼 중요한 경혈이다. 현기증과 경련, 밤에 발작적으로 울 때, 야뇨증, 복부 경련성 통증 등에 효과가 있다.

견우혈
팔을 수평으로 올리면 어깨관절 부분의 두 군데가 움푹 들어간다. 그 중 팔 쪽의 움푹 들어간 부위를 말한다. 피부 질환에 효과적인 경혈로 두드러기나 습진 등에 좋으며 그밖에 치통, 두통, 발열 증세에도 많이 응용된다.

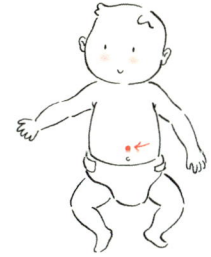

수분혈
배꼽 위로 어린아이 엄지손가락만큼 떨어진 부위에 있다. 몸의 수분을 조절하는 곳이다. 신장병, 복막염 등으로 소변이 나오지 않거나 소변 양이 적을 때 효과적이다.

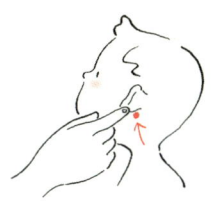

예풍혈
귀 뒷부분 아래쪽에서 움푹 들어간 부위에 있다. 난청, 귀울림, 얼굴 부위의 종기, 치통, 말더듬 등에 효과가 있다.

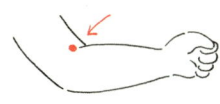

척택혈
팔을 구부렸을 때 생기는 중간 주름의 엄지손가락 크기의 부위인데 팔꿈치 반대쪽 볼록한 인대를 넘어서는 곳에 혈이 있다. 이 혈은 기침에 특효가 있으며, 호흡기 질환에도 좋다. 편도선염, 인두염, 천식과 열을 동반하는 폐나 기관지와 관련된 병, 눈이 충혈됐을 때, 염증 때문에 코가 막히는 경우에도 사용한다. 감기로 인해 열이 있을 때 이 부위를 따뜻하게 해주는 것만으로도 치료 효과가 있다.

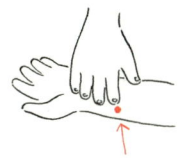

열결혈
손바닥과 연결된 손목의 끝부분에 넷째손가락부터 차례로 올려놓았을 때, 둘째손가락이 닿는 부위에 있다. 머리와 목에 이상 증세가 있을 때는 반드시 이 경혈을 사용한다. 감기와 두통, 머리가 지끈거릴 때, 치통과 호흡기 질환 등에 효과적이다. 그 부분을 따뜻하게 해주는 것만으로도 감기가 낫기도 한다.

이간혈

주먹을 쥐면 둘째손가락의 둘째 마디와 셋째 마디 사이 주름의 바깥쪽으로 끝부분에 있다. 목구멍, 코, 치아와 관련된 병인 치통, 경련, 코피, 고열에 효과적이다. 지압 외에 따뜻하게 해주면 더 좋다.

곡지혈

팔을 구부리고 손바닥을 가슴에 댔을 때 팔꿈치 바깥쪽에 생기는 주름살의 끝부분에 있다. 피부병, 종기, 치통, 눈병, 목 부위 림프선, 목구멍의 병, 치아 출혈, 목과 코의 출혈 등에 효과적이다.

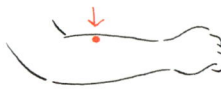

손의 삼리혈

주먹을 불끈 쥐면 팔꿈치와 손목 사이에 힘살이 볼록하게 올라온다. 이 부분의 가장 높은 근육과 근육 사이에 있다. 화농성 질환에 효과가 있으며 치통, 편도선염, 얼굴 부위에 종기가 났을 때 좋다.

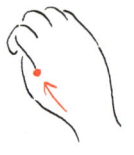

후계혈

주먹을 쥐었을 때 새끼손가락의 아래쪽으로 불룩 튀어나온 부위다. 이 부위는 감기를 낫게 하는 중요한 혈이다. 눈, 코, 목, 귀에 이상이 있을 때나 전신 발열, 악성 감기, 폐렴 등에 효과적이다.

KI신서 2149

잔병 없는 아이로 키우는 13가지 방법

잔병에 강한 아이

1판 1쇄 인쇄 2009년 11월 5일
1판 1쇄 발행 2009년 11월 16일

지은이 정규만 **펴낸이** 김영곤 **펴낸곳** (주)북이십일 21세기북스
기획·편집 김선미 김순란 **디자인** 디자인밥 **영업·마케팅** 최창규 김보미
출판등록 2000년 5월 6일 제10-1965호
주소 (우413-756) 경기도 파주시 교하읍 문발리 파주출판단지 518-3
대표전화 031-955-2100 **팩스** 031-955-2151 **이메일** book21@book21.co.kr
홈페이지 www.book21.com **커뮤니티** cafe.naver.com/21cbook

값 13,800원
ISBN 978-89-509-2099-9 13590